陕西省建设工程施工机械台班费用定额
（2025）

批准部门：陕 西 省 住 房 和 城 乡 建 设 厅
主编单位：陕西省建设工程造价服务中心
参编单位：亿 诚 建 设 项 目 管 理 有 限 公 司
华春建设工程项目管理有限责任公司
陕西谨成工程造价咨询有限公司
软件支持：广 联 达 西 安 科 技 有 限 公 司
实施日期：2 0 2 5 年 7 月 1 日

中国计划出版社
北 京

图书在版编目（CIP）数据
陕西省建设工程施工机械台班费用定额. 2025 / 陕西省建设工程造价服务中心主编. -- 北京 ：中国计划出版社, 2025. 6（2025. 8重印）. -- ISBN 978-7-5182-1855-4
Ⅰ. TU723.3
中国国家版本馆 CIP 数据核字第 2025LE7217 号

陕西省建设工程施工机械台班费用定额（2025）
SHAANXI SHENG JIANSHE GONGCHENG SHIGONG JIXIE TAIBAN FEIYONG DING'E（2025）
陕西省建设工程造价服务中心　主编

责任编辑：张　颖　　　　封面设计：韩可斌

中国计划出版社出版发行
网址：www.jhpress.com
地址：北京市西城区木樨地北里甲 11 号国宏大厦 C 座 4 层
邮政编码：100038　电话：（010）63906433（发行部）
北京厚诚则铭印刷科技有限公司印刷

880mm × 1230mm　1/16　6.25 印张　194 千字
2025 年 6 月第 1 版　2025 年 8 月第 2 次印刷

定价：25.00 元

本书编委会

总　　　编： 李卫军

副　总　编： 张　丹　陈永兵　崔建明　杜产阳

本书编写人员名单

主　　　编： 史媛媛

编 写 人 员： 赵醒文　王江锋　杨艳红　郭继庆

软 件 操 作： 郭继庆　路燚桓

陕西省住房和城乡建设厅关于印发 2025 陕西省建设工程费用规则等计价依据的通知

陕建管发〔2025〕10 号

各设区市住房和城乡建设局，杨凌示范区住房和城乡建设局，各相关企业：

为贯彻落实《住房和城乡建设部办公厅关于印发工程造价改革工作方案的通知》（建办标〔2020〕38 号）及《陕西省住房和城乡建设厅关于印发〈陕西省建设工程造价改革工作实施方案〉的通知》（陕建发〔2020〕1109 号）精神，依据《陕西省建设工程造价管理办法》，我厅组织修编了《陕西省建设工程费用规则》及 6 个专业配套基价表、《陕西省房屋建筑与装饰工程消耗量定额》等 6 个专业消耗量定额、施工机械台班费用定额、仪器仪表台班费用定额（详见附件），现予以印发，自 2025 年 7 月 1 日起实施，并提出以下意见，请一并贯彻执行：

一、2025 年 7 月 1 日起新开工的建设工程执行新的计价依据；2025 年 7 月 1 日前的在建工程（包括已招投标或已签订合同的工程）仍按原约定的计价依据执行。

二、原 2004《陕西省建筑装饰工程消耗量定额》《陕西省安装工程消耗量定额》《陕西省市政工程消耗量定额》《陕西省园林绿化工程消耗量定额》、2009《陕西省建设工程工程量清单计价规则》、2009《陕西省建设工程工程量清单计价费率》、《陕西省建设工程消耗量定额（2004）补充定额》、2009《陕西省建筑装饰市政园林绿化工程价目表》《陕西省安装工程价目表》于 2025 年 7 月 1 日起停止使用。

三、上述计价依据的日常管理及技术内容解释由陕西省建设工程造价服务中心具体负责。

附件：2025 陕西省建设工程计价依据汇总表

陕西省住房和城乡建设厅

2025 年 3 月 17 日

附　　件

2025陕西省建设工程计价依据汇总表

序　　号	名　　称
1	陕西省建设工程费用规则（2025）
2	陕西省房屋建筑与装饰工程基价表（2025）
3	陕西省通用安装工程基价表（2025）
4	陕西省市政工程基价表（2025）
5	陕西省园林绿化工程基价表（2025）
6	陕西省城市地下综合管廊工程基价表（2025）
7	陕西省绿色建筑工程基价表（2025）
8	陕西省房屋建筑与装饰工程消耗量定额（2025）
9	陕西省通用安装工程消耗量定额（2025）
10	陕西省市政工程消耗量定额（2025）
11	陕西省园林绿化工程消耗量定额（2025）
12	陕西省城市地下综合管廊工程消耗量定额（2025）
13	陕西省绿色建筑工程消耗量定额（2025）
14	陕西省建设工程施工机械台班费用定额（2025）
15	陕西省建设工程施工仪器仪表台班费用定额（2025）

前　　言

随着科技的不断进步与创新，陕西省建筑业正逐步迈入工业化、绿色化、智能化的新时代。这一转变不仅带来了施工技术和工艺的革新，极大提升了工程建设的效率与质量，同时也对工程造价的确定与控制提出了新的要求与挑战。

消耗量定额作为衡量工程建设所需人工、材料、施工机械消耗量的重要标准，其准确性和合理性对于确保工程造价的公正性和科学性至关重要。为此，陕西省住房和城乡建设厅对2004版陕西省建设工程消耗量定额进行了全面而深入的修编，以适应新时代建筑业的发展需求。

经过深入的市场调研、专家咨询与广泛的社会意见征集，我们成功构建了一套全新的陕西省建设工程消耗量定额体系。新修订的消耗量定额体系共涵盖《陕西省房屋建筑与装饰工程消耗量定额（2025）》《陕西省安装工程消耗量定额（2025）》《陕西省市政工程消耗量定额（2025）》《陕西省城市地下综合管廊工程消耗量定额（2025）》《陕西省园林绿化工程消耗量定额（2025）》以及《陕西省绿色建筑工程消耗量定额（2025）》等六大专业领域，总计二十八册。这一体系体现了科学、先进、实用的原则，更紧密结合了我省建设工程发展的实际情况，充分吸纳了新的施工工艺和技术标准，对各专业消耗量定额交叉水平进行了统一，为工程造价管理、提高投资效益提供强有力的支持。

作为陕西省建设工程编制最高投标限价（标底）、工程结算、施工图预算、工程造价纠纷处理等工作的重要依据，本消耗量定额也是投标报价、投资估算、设计概算、企业定额等方面的重要参考。在新的定额体系中，我们特别关注了人工、材料、施工机械消耗量的科学确定，其中人工工日按8小时工作制计算，且以主要工种的综合工日表示，材料消耗量包含净用量与损耗量，机械消耗量则依据工程实际情况综合确定。

为保持定额体系的时效性与准确性，我们将采取动态管理的方式，根据市场变化和技术进步的情况对定额数据进行必要的更新与调整。同时，我们还将建立定额体系的反馈机制，积极收集来自业界、专家学者及实践工作者的意见和建议，以不断完善定额体系，提高其准确性和效率。

陕西省住房和城乡建设厅

2025年3月

前言

目　　录

说　　明

一、《陕西省建设工程施工机械台班费用定额（2025）》（以下简称“本定额”）是参照国家《建设工程施工机械台班费用编制规则（增值税版）》《陕西省建设工程施工机械台班价目表（2009）》，结合我省企业施工机械使用情况进行编制。

二、本定额是陕西省建设工程各专业工程消耗量定额的施工机械台班单价取定和计算的依据。

三、本定额包括土石方及筑路机械、桩工机械、起重机械、水平运输机械、垂直运输机械、混凝土及砂浆机械、加工机械、泵类机械、焊接机械、动力机械、地下工程机械、其他机械共计12类。

四、本定额基价按每台班8小时工作制考虑，燃料动力等材料单价按照2024年11月份综合水平取定。

五、本定额台班单价由折旧费、检修费、维护费、安拆费及场外运费、机上人工费、燃料动力费和其他费七项除税费用组成。施工机械台班费用编制规则如下：

1. 折旧费＝预算价格×（1－残值率）/耐用总台班。

（1）预算价格＝机械原值＋相关手续费和一次运杂费＋车辆购置税，数据来源以国产机械为主。

（2）残值率按有关基础数据取值5.00%计算。

（3）耐用总台班＝年工作台班×折旧年限。

年工作台班和折旧年限参照国家《建设工程施工机械台班费用编制规则（增值税版）》有关基础数据并结合本省实际情况确定。

2. 检修费＝一次检修费×检修次数/耐用总台班。

其中，一次检修费和检修次数参照国家《建设工程施工机械台班费用编制规则（增值税版）》有关基础数据并结合本省实际情况确定。

3. 维护费＝检修费×维护费系数K。

维护费系数K参照国家《建设工程施工机械台班费用编制规则（增值税版）》有关基础数据并结合本省实际情况确定。

4. 安拆费及场外运费＝一次安拆费及场外运费×年平均安拆次数/年工作台班。

（1）一次安拆费及场外运费结合本省实际情况确定。

（2）年平均安拆次数参照国家《建设工程施工机械台班费用编制规则（增值税版）》有关基础数据并结合本省实际情况确定。

5. 机上人工费。

（1）参照国家《建设工程施工机械台班费用编制规则（增值税版）》有关基础数据并结合本省实际情况，机上人工单价按综合三类工215.00元/工日计取。

（2）已综合考虑年制度工作日与年工作台班时间差的因素，其综合系数按25%计算。

6. 燃料动力费＝$\sum$（燃料动力消耗量×燃料动力单价）。

（1）燃料动力消耗量参照国家《建设工程施工机械台班费用编制规则（增值税版）》有关基础数据并结合本省实际情况确定。

（2）燃料动力单价按编制期相关部门发布的价格取定，按下表价格计取：

燃料动力单价价格计取表

序号	名称	单位	除税价（元）
1	汽油	kg	8.64
2	柴油	kg	7.27
3	电	kw·h	0.71
4	煤	kg	0.67
5	木柴	kg	0.26
6	水	m^3	5.63

7. 其他费用 =（保险费 + 车船税 + 年检测费）/年工作台班。

（1）保险费按只计交强险，即按规定强制性缴纳的保险费用。

（2）车船税按《陕西省车船税征收办法（2012）》等有关规定计算。

（3）年检测费按有关规定计算。

六、施工机械台班定额的台班单价为除税价。

七、其他有关规定。

1. 本定额已包括油料损耗、电力损失，不应重复计算。油料损耗包括加油及油料过滤损耗；电力损失包括由变电所或配电车间至机械之间线路的电力损失。

2. 本定额未包含的塔式起重机固定式（带配重）、塔式起重机轨道式（双轨）、施工电梯固定式的基础费用；未包含自升式塔式起重机、柴油打桩机、静力压桩机、架桥机、施工电梯、三轴搅拌机的安拆费；未包含履带式挖掘机、履带式推土机、履带式起重机、强夯机械、柴油打桩机、压路机、锚杆钻孔机、沥青混凝土摊铺机、静力压桩机、履带式旋挖钻机、自升式塔式起重机、架桥机、施工电梯、三轴搅拌机、履带式抓斗成槽机的场外运费，以上未包含费用按专业定额规定计算。

3. 机械台班停滞费。

（1）机械台班停滞费是指由于非承包方原因造成施工现场机械停滞时发生的费用，但下列情况不应计算：

①施工合同对此有相关约定不予计算的。

②施工组织设计内规定的合理停滞。

③机械迁移过程中发生的停滞。

④施工单位自身原因造成的停滞。

⑤法定假日。

⑥自然气候影响等不可抗力因素而发生的停滞。

（2）计算过程中应注意：

①机上人员如在停滞期间未在施工现场或另做其他工作时，不能计算台班人工费。

②年停滞台班数量不得超过该施工机械的年工作台班数量。

③停滞费不得超过该施工机械开始停滞时的设备现值。

④停滞台班数量原则应由合同双方签证确认，折旧费、人工费、其他费按本定额规定计算。施工机械停滞费只计取税金。

（3）本定额的盾构掘进机械台班单价中未包括安拆费及场外运费、燃料动力费和人工费。

（4）本定额的刀盘式顶管设备（包括泥水平衡、土压平衡）台班单价中未包括安拆费及场外运费、燃料动力费和人工费。

八、除另有说明外，本定额凡注明“×××以内”或“×××以下”均包括“×××”本身；注明“×××以外”或“×××以上”的，则不包括“×××”本身。

九、本定额的解释和日常管理，由陕西省建设工程造价服务中心负责。

第一章

土石方及筑路机械

编号	编码	机械名称	性能规格		机型	台班单价	费用组成							人工及燃料动力用量						
							折旧费	检修费	维护费	安拆费及场外运费	人工费	燃料动力费	其他费	人工	汽油	柴油	电	煤	木柴	水
						元	元	元	元	元	元	元	元	工日	kg	kg	kW·h	kg	kg	m^3
														215.00	8.64	7.27	0.71	0.67	0.26	5.63
1	990101015	履带式推土机	功率（kW）	75	大	1158.22	80.22	36.04	93.70		537.50	410.75		2.50		56.50				
2	990101020			90	大	1233.97	106.23	44.79	116.45		537.50	429.00		2.50		59.01				
3	990101025			105	大	1285.58	121.56	51.25	133.25		537.50	442.02		2.50		60.80				
4	990101035			135	大	1456.03	171.93	72.49	188.47		537.50	485.64		2.50		66.80				
5	990101040			165	大	1749.67	240.33	101.33	263.46		537.50	607.04		2.50		83.50				
6	990101045			240	特	2164.11	327.56	138.12	277.62		537.50	883.30		2.50		121.50				
7	990106009	履带式单斗液压挖掘机	斗容量（m^3）	0.3	中	907.52	111.94	35.46	74.82		537.50	147.80		2.50		20.33				
8	990106010			0.6	大	1088.44	164.92	43.57	97.60		537.50	244.85		2.50		33.68				
9	990106020			0.8	大	1337.84	200.24	75.54	159.39		537.50	365.17		2.50		50.23				
10	990106030			1	大	1450.44	209.33	78.97	166.63		537.50	458.01		2.50		63.00				
11	990106040			1.25	大	1650.78	250.55	94.51	199.42		537.50	568.80		2.50		78.24				
12	990106070			2	大	1804.72	297.78	112.34	237.04		537.50	620.06		2.50		85.29				
13	990106100	履带式反铲单斗液压挖掘机		0.6	大	1088.44	164.92	43.57	97.60		537.50	244.85		2.50		33.68				
14	990106110			1	大	1450.44	209.33	78.97	166.63		537.50	458.01		2.50		63.00				
15	990107010	履带式单斗机械挖掘机		1	大	1354.60	189.89	71.63	199.13		537.50	356.45		2.50		49.03				
16	990107020			1.5	大	1585.68	202.96	83.78	232.91		537.50	528.53		2.50		72.70				
17	990109010	挖掘装载机		0.3	中	716.77	81.73	27.20	72.35		268.75	264.77	1.97	1.25		36.42				

续前

编号	编码	机械名称	性能规格		机型	台班单价	费用组成							人工及燃料动力用量						
							折旧费	检修费	维护费	安拆费及场外运费	人工费	燃料动力费	其他费	人工	汽油	柴油	电	煤	木柴	水
						元	元	元	元	元	元	元	元	工日	kg	kg	kW · h	kg	kg	m^3
														215.00	8.64	7.27	0.71	0.67	0.26	5.63
18	990110010	轮胎式装载机	斗容量（m^3）	0.5	中	695.68	29.27	10.38	36.95		268.75	339.58	10.75	1.25		46.71				
19	990110020			1	中	749.66	31.19	11.07	39.41		268.75	383.35	15.89	1.25		52.73				
20	990110030			1.5	中	859.58	56.35	19.99	71.16		268.75	427.11	16.22	1.25		58.75				
21	990110040			2	大	946.49	63.91	26.67	94.95		268.75	474.15	18.06	1.25		65.22				
22	990110060			3	大	1451.37	114.61	38.14	135.78		537.50	606.61	18.73	2.50		83.44				
23	990110070			3.5	大	1533.04	120.59	40.14	142.90		537.50	672.84	19.07	2.50		92.55				
24	990111050	自行式铲运机		8	大	1360.53	176.88	57.94	155.28		537.50	424.79	8.14	2.50		58.43				
25	990111060			10	大	1429.76	181.39	60.37	161.79		537.50	474.95	13.76	2.50		65.33				
26	990112010	拖式铲运机		3	中	857.53	20.77	10.31	33.92		537.50	255.03		2.50		35.08				
27	990112020			7	大	1178.95	67.79	33.67	110.77		537.50	429.22		2.50		59.04				
28	990112030			10	大	1299.86	83.40	41.42	136.27		537.50	501.27		2.50		68.95				
29	990112040			12	大	1382.46	96.11	47.73	157.03		537.50	544.09		2.50		74.84				
30	990113020	平地机	功率（kW）	90	大	1056.62	96.65	32.17	110.99		537.50	257.65	21.66	2.50		35.44				
31	990113030			120	大	1277.44	128.23	42.68	147.25		537.50	399.63	22.15	2.50		54.97				
32	990114030	履带式拖拉机		75	大	1095.43	50.46	30.55	81.87		537.50	395.05		2.50		54.34				
33	990114040			90	大	1220.39	93.52	43.58	116.79		537.50	429.00		2.50		59.01				
34	990118010	拖式双筒羊角碾	工作质量（t）	6	小	31.05	7.60	1.04	6.07	16.34										
35	990119010	手扶式振动压实机		1	小	70.52	12.98	2.14	8.26	5.63		41.51				5.71				

续前

编号	编码	机械名称	性能规格		机型	台班单价	费用组成							人工及燃料动力用量						
							折旧费	检修费	维护费	安拆费及场外运费	人工费	燃料动力费	其他费	人工	汽油	柴油	电	煤	木柴	水
						元	元	元	元	元	元	元	元	工日	kg	kg	kW·h	kg	kg	m^3
														215.00	8.64	7.27	0.71	0.67	0.26	5.63
36	990120010	钢轮内燃压路机	工作质量（t）	6	大	469.23	46.70	15.46	49.63		268.75	88.69		1.25		12.20				
37	990120020			8	大	530.05	49.06	16.24	52.13		268.75	143.87		1.25		19.79				
38	990120030			12	大	658.30	65.28	21.61	69.37		268.75	233.29		1.25		32.09				
39	990120040			15	大	763.93	76.42	25.30	81.21		268.75	312.25		1.25		42.95				
40	990120050			18	大	1057.52	84.32	27.92	89.62		268.75	586.91		1.25		80.73				
41	990121010	轮胎压路机		9	大	588.52	31.41	10.40	41.50		268.75	218.10	18.36	1.25		30.00				
42	990121020			16	大	851.84	91.45	28.41	113.36		268.75	331.51	18.36	1.25		45.60				
43	990121030			20	大	986.27	106.70	33.15	132.27		268.75	427.04	18.36	1.25		58.74				
44	990121040			26	大	1099.11	120.80	37.54	149.78		268.75	503.88	18.36	1.25		69.31				
45	990122020	钢轮振动压路机		8	大	698.81	70.07	31.48	96.96		268.75	231.55		1.25		31.85				
46	990122030			10	大	810.73	74.73	33.57	103.40		268.75	330.28		1.25		45.43				
47	990122040			12	大	951.68	93.37	39.37	121.26		268.75	428.93		1.25		59.00				
48	990122050			15	大	1227.65	121.87	51.38	158.25		268.75	627.40		1.25		86.30				
49	990122060	钢轮振动压路机		18	大	1397.05	129.70	54.70	168.48		268.75	775.42		1.25		106.66				
50	990123010	电动夯实机	夯击能量（N·m）	250	小	26.78	3.50	0.79	3.67	7.03		11.79					16.60			
51	990124010	内燃夯实机		700	小	30.95	4.13	0.93	4.32	7.03		14.54				2.00				

续前

编号	编码	机械名称	性能规格		机型	台班单价	费用组成							人工及燃料动力用量						
							折旧费	检修费	维护费	安拆费及场外运费	人工费	燃料动力费	其他费	人工	汽油	柴油	电	煤	木柴	水
						元	元	元	元	元	元	元	元	工日	kg	kg	kW·h	kg	kg	m^3
														215.00	8.64	7.27	0.71	0.67	0.26	5.63
52	990125010	振动平板夯	激振力（kN）	20	小	34.34	6.38	1.42	6.59	7.03		12.92					18.20			
53	990127006	强夯机械	夯击能量（kN·m）	800	大	1079.33	231.09	33.33	75.67		537.50	201.74		2.50		27.75				
54	990127008			1000	大	1138.74	259.11	37.37	84.84		537.50	219.92		2.50		30.25				
55	990127010			1200	大	1147.97	281.87	27.68	62.83		537.50	238.09		2.50		32.75				
56	990127014			1500	大	1287.34	329.15	47.48	107.78		537.50	265.43		2.50		36.51				
57	990127020			2000	大	1435.85	399.19	57.58	130.71		537.50	310.87		2.50		42.76				
58	990127030			3000	大	1732.95	539.27	77.79	176.58		537.50	401.81		2.50		55.27				
59	990127040			4000	大	1942.10	617.41	89.06	202.17		537.50	495.96		2.50		68.22				
60	990127050			5000	大	2150.66	693.83	100.08	227.18		537.50	592.07		2.50		81.44				
61	990127060			6000	大	2359.22	770.25	111.10	252.19		537.50	688.18		2.50		94.66				
62	990127070			8000	大	2776.34	923.09	133.14	302.21		537.50	880.40		2.50		121.10				
63	990127080			10000	大	3193.46	1075.93	155.18	352.23		537.50	1072.62		2.50		147.54				
64	990128010	气腿式风动凿岩机			小	14.30	3.48	0.82	5.78	4.22										
65	990129010	手持式风动凿岩机			小	12.25	2.64	0.67	4.72	4.22										
66	990133020	锚杆钻孔机	锚杆直径（mm）	32	大	2233.00	734.12	162.91	291.61		537.50	506.86		2.50		69.72				
67	990135010	电动装岩机	斗容量（m^3）	0.2	中	646.45	21.04	9.45	16.07	18.16	537.50	44.23		2.50			62.30			

续前

编号	编码	机械名称	性能规格		机型	台班单价	费用组成							人工及燃料动力用量						
							折旧费	检修费	维护费	安拆费及场外运费	人工费	燃料动力费	其他费	人工	汽油	柴油	电	煤	木柴	水
						元	元	元	元	元	元	元	元	工日	kg	kg	kW·h	kg	kg	m³
														215.00	8.64	7.27	0.71	0.67	0.26	5.63
68	990138020	稳定土拌合机	功率（kW）	105	大	1189.76	91.28	36.46	92.61		537.50	431.91		2.50		59.41				
69	990140010	汽车式沥青喷洒机	箱容量（L）	4000	大	802.05	109.27	46.52	78.62		268.75	269.83	29.06	1.25	31.23					
70	990142030	沥青混凝土摊铺机	装载质量（t）	8	大	1439.99	152.16	64.16	126.40		806.25	291.02		3.75		40.03				
71	990142040			12	大	1707.48	198.87	89.52	176.35		806.25	436.49		3.75		60.04				
72	990142070			15	大	3089.95	590.06	383.97	756.42		806.25	553.25		3.75		76.10				
73	990142090			25	大	5447.04	1215.63	840.84	1656.45		806.25	927.87		3.75		127.63				
74	990143030	路面铣刨机	宽度（mm）	500	大	1038.84	177.70	35.41	109.06	31.71	268.75	416.21		1.25		57.25				
75	990143040			1000	大	1158.95	236.27	47.18	145.31	31.71	268.75	429.73		1.25		59.11				
76	990143050			2000	大	2793.89	1129.03	221.78	683.08	31.71	268.75	459.54		1.25		63.21				
77	990144010	电动路面铣刨机	功率（kW）	7.5	小	382.42	13.40	2.84	8.75	18.16	268.75	70.52		1.25		9.70				
78	990147040	颚式破碎机	进料口（mm）	500×750	中	589.14	70.54	7.51	101.76		268.75	140.58		1.25			198.00			
79	990149010	履带式液压岩石破碎机	HB20G		中	513.02	117.86	12.54	33.36	35.68	268.75	44.83		1.25			63.14			
80	990149020		HB30G		中	540.92	134.01	13.38	35.59	35.68	268.75	53.51		1.25			75.36			
81	990149030		HB40G		中	561.02	144.16	14.39	38.28	35.68	268.75	59.76		1.25			84.17			
82	990150010	光轮压路机	工作质量（t）	8	大	551.14	75.23	16.31	44.10		268.75	143.87	2.88	1.25		19.79				
83	990150020			12	大	685.20	99.46	21.56	58.30		268.75	233.29	3.84	1.25		32.09				
84	990150030			15	大	784.49	109.66	23.78	64.29		268.75	312.25	5.76	1.25		42.95				
85	990152010	长臂挖掘机 270 型			大	1720.66	275.96	87.46	236.47		537.50	583.27		2.50		80.23				

续前

编号	编码	机械名称	性能规格		机型	台班单价	费用组成							人工及燃料动力用量						
							折旧费	检修费	维护费	安拆费及场外运费	人工费	燃料动力费	其他费	人工	汽油	柴油	电	煤	木柴	水
						元	元	元	元	元	元	元	元	工日	kg	kg	kW·h	kg	kg	m^3
														215.00	8.64	7.27	0.71	0.67	0.26	5.63
86	990152020	长臂挖掘机 360 型			大	1834.18	318.12	100.86	272.69		537.50	605.01		2.50		83.22				
87	990154010	抓铲挖掘机	斗容量（m^3）	0.5	大	1090.07	147.64	28.96	78.29		537.50	292.47	5.21	2.50		40.23				
88	990154020			1	大	1378.39	187.45	37.32	100.92		537.50	509.99	5.21	2.50		70.15				
89	990160010	同步碎石封层车	8t		大	3664.41	2340.26	96.93	312.89		268.75	645.58		1.25		88.80				

第二章

桩 工 机 械

编号	编码	机械名称	性能规格		机型	台班单价	费用组成							人工及燃料动力用量						
							折旧费	检修费	维护费	安拆费及场外运费	人工费	燃料动力费	其他费	人工	汽油	柴油	电	煤	木柴	水
						元	元	元	元	元	元	元	元	工日	kg	kg	kW·h	kg	kg	m^3
														215.00	8.64	7.27	0.71	0.67	0.26	5.63
90	990201010	履带式柴油打桩机	冲击质量（t）	2.5	大	1175.14	243.38	24.30	47.39		537.50	322.57		2.50		44.37				
91	990201020			3.5	大	1411.55	410.89	38.86	75.78		537.50	348.52		2.50		47.94				
92	990201030			5	大	2146.41	943.46	92.67	180.71		537.50	392.07		2.50		53.93				
93	990201040			7	特	2328.11	1070.51	105.14	197.66		537.50	417.30		2.50		57.40				
94	990201050			8	特	2419.46	1131.84	111.17	209.00		537.50	429.95		2.50		59.14				
95	990202010	轨道式柴油打桩机		0.6	中	656.03	32.79	7.37	16.66		537.50	61.71		2.50		7.00	15.24			
96	990202020			0.8	中	695.06	38.25	8.60	19.44		537.50	91.27		2.50		9.00	36.40			
97	990202030			1.2	大	960.45	97.71	20.60	46.56		537.50	258.08		2.50		28.80	68.60			
98	990202040			1.8	大	1051.44	119.45	25.18	56.91		537.50	312.40		2.50		33.40	98.00			
99	990202050			2.5	大	1322.16	213.61	44.90	101.47		537.50	424.68		2.50		46.50	122.00			
100	990202060			3.5	大	1678.11	358.89	75.66	170.99		537.50	535.07		2.50		56.90	171.00			
101	990202070			4	大	1785.58	392.46	82.74	186.99		537.50	585.89		2.50		61.70	193.42			
102	990202085	轨道式柴油打桩机	冲击质量（t）	6	大	1913.28	421.57	88.88	200.86		537.50	664.47		2.50		69.15	227.81			
103	990203020	步履式电动打桩机	功率（kW）	60	大	1271.79	194.22	53.87	177.23	69.79	537.50	239.18		2.50			336.87			
104	990205010	振动沉拔桩机	激振力（kN）	300	大	1121.04	213.06	9.46	51.94	89.18	537.50	219.90		2.50		17.43	131.25			
105	990205015			350	大	1209.08	244.46	10.92	59.95	89.18	537.50	267.07		2.50		21.17	159.38			
106	990205020			400	大	1290.75	271.65	12.06	66.21	89.18	537.50	314.15		2.50		24.90	187.50			
107	990205025			450	大	1389.11	317.05	14.16	77.75	89.18	537.50	353.47		2.50		28.02	210.94			

续前

编号	编码	机械名称	性能规格		机型	台班单价	费用组成							人工及燃料动力用量						
							折旧费	检修费	维护费	安拆费及场外运费	人工费	燃料动力费	其他费	人工	汽油	柴油	电	煤	木柴	水
						元	元	元	元	元	元	元	元	工日	kg	kg	kW·h	kg	kg	m³
														215.00	8.64	7.27	0.71	0.67	0.26	5.63
108	990206005	静力压桩机	压力（kN）	900	大	1368.62	299.82	99.81	366.30		537.50	65.19		2.50			91.81			
109	990206010			1200	大	1630.43	393.60	131.01	480.81		537.50	87.51		2.50			123.25			
110	990206015			1600	大	2054.43	526.56	175.28	720.40		537.50	94.69		2.50			133.36			
111	990206020			2000	大	3061.61	725.24	241.40	992.15		537.50	565.32		2.50		77.76				
112	990206025			3000	大	3552.20	886.71	295.15	1213.07		537.50	619.77		2.50		85.25				
113	990206030			4000	大	3850.97	979.65	319.78	1314.30		537.50	699.74		2.50		96.25				
114	990206045			8000	大	4135.79	1038.29	339.93	1397.11		537.50	822.96		2.50		113.20				
115	990206050			10000	大	4301.74	1066.35	349.13	1434.92		537.50	913.84		2.50		125.70				
116	990207020	汽车式钻机	孔径（mm）	1000	大	1219.31	120.97	32.20	88.55		537.50	413.28	26.81	2.50		48.80	82.40			
117	990209010	回旋钻机		500	大	813.60	79.28	9.38	19.51	80.26	537.50	87.67		2.50			123.48			
118	990209020	回旋钻机	孔径（mm）	800	大	873.90	115.62	12.83	26.69	80.26	537.50	101.00		2.50			142.25			
119	990209030			1000	大	896.48	121.08	13.44	27.96	80.26	537.50	116.24		2.50			163.72			
120	990209040			1500	大	919.28	123.79	13.74	28.58	80.26	537.50	135.41		2.50			190.72			
121	990209050			2000	大	975.19	148.30	16.45	34.22	80.26	537.50	158.46		2.50			223.19			
122	990210010	螺旋钻机		400	中	835.79	98.52	4.38	27.46	80.26	537.50	87.67		2.50			123.48			
123	990210020			600	中	895.08	112.34	4.99	31.29	80.26	537.50	128.70		2.50			181.27			
124	990210030			800	中	999.27	179.12	7.95	49.85	80.26	537.50	144.59		2.50			203.65			

续前

编号	编码	机械名称	性能规格		机型	台班单价	费用组成							人工及燃料动力用量						
							折旧费	检修费	维护费	安拆费及场外运费	人工费	燃料动力费	其他费	人工	汽油	柴油	电	煤	木柴	水
						元	元	元	元	元	元	元	元	工日	kg	kg	kW·h	kg	kg	m^3
														215.00	8.64	7.27	0.71	0.67	0.26	5.63
125	990210050	步履式螺旋钻机	JZB-60	400-600mm	中	997.92	106.34	4.75	29.81	75.88	672.95	108.19		3.13			152.38			
126	990211010	冲击成孔机	孔径（mm）	700	中	746.06	61.48	14.54	29.23	80.26	537.50	23.05		2.50			32.46			
127	990211020			1000	中	782.69	79.76	18.86	37.91	80.26	537.50	28.40		2.50			40.00			
128	990211030			1500	中	791.37	110.23	8.66	17.40	80.26	537.50	37.32		2.50			52.57			
129	990211040			2000	中	837.95	140.69	11.05	22.21	80.26	537.50	46.24		2.50			65.13			
130	990212005	履带式旋挖钻机		600	大	2044.84	325.42	57.82	120.26		537.50	1003.84		2.50		138.08				
131	990212010			800	大	2151.30	382.87	63.72	132.54		537.50	1034.67		2.50		142.32				
132	990212020			1000	大	2277.69	446.04	74.24	154.42		537.50	1065.49		2.50		146.56				
133	990212030	履带式旋挖钻机	孔径（mm）	1200	大	2539.86	587.27	97.74	203.30		537.50	1114.05		2.50		153.24				
134	990212040			1500	大	2969.06	817.76	136.10	283.09		537.50	1194.61		2.50		164.32				
135	990212060			2000	大	3747.14	1300.95	212.96	442.96		537.50	1252.77		2.50		172.32				
136	990212090	单轴油压扩头钻机	150kW		中	853.31	223.15	7.03	7.53		537.50	78.10		2.50			110.00			
137	990213010	粉喷桩机			中	813.40	98.50	8.75	17.59	80.26	537.50	70.80		2.50			99.72			
138	990215020	三轴搅拌桩机	轴径（mm）	850	大	989.59	253.50	22.50	65.03		537.50	111.06		2.50			156.42			
139	990216010	袋装砂井机不带门架	功率（kW）	7.5	中	707.83	53.11	6.28	17.08	28.54	537.50	65.32		2.50			92.00			

续前

编号	编码	机械名称	性能规格	机型	台班单价	费用组成							人工及燃料动力用量						
						折旧费	检修费	维护费	安拆费及场外运费	人工费	燃料动力费	其他费	人工	汽油	柴油	电	煤	木柴	水
					元	元	元	元	元	元	元	元	工日	kg	kg	kW·h	kg	kg	m^3
													215.00	8.64	7.27	0.71	0.67	0.26	5.63
140	990217010	袋装砂井机带门架	功率（kW） 20	中	776.89	69.02	8.16	22.20	28.54	537.50	111.47		2.50			157.00			
141	990218010	气动灌浆机		小	11.17	3.17	0.38	1.99	5.63										
142	990219010	电动灌浆机		小	24.95	4.51	0.53	2.78	5.63		11.50					16.20			
143	990221010	带冲抓锤冲孔桩机		中	721.50	75.79	16.77	33.70		537.50	57.74		2.50			81.32			
144	990223010	地缘热泵钻机	RP-150	中	847.23	59.85	6.38	6.83	12.75	537.50	223.92		2.50		30.80				
145	990224010	反循环钻机	60P-45A	特	2523.96	1152.48	141.53	247.67		537.50	444.78		2.50		61.18				
146	990225010	搅拌水泥桩机	ϕ550	大	1475.28	155.18	30.73	59.92	1.30	537.50	690.65		2.50		95.00				
147	990226010	喷浆钻机		中	720.47	82.33	6.53	11.44		537.50	82.67		2.50			116.43			
148	990227010	平行水钻机		小	41.70	3.99	3.24	5.67	1.46		27.33					38.50			
149	990228010	轻便钻机	XJ-100	中	400.88	9.26	2.30	9.54	1.54	268.75	109.49		1.25		15.06				
150	990229010	双头搅拌桩机		中	753.30	105.05	5.74	16.59		537.50	88.42		2.50			124.53			
151	990229020	五轴搅拌桩机		大	1263.71	334.17	55.10	159.24		537.50	177.70		2.50			250.28			
152	990229030	TRD搅拌桩机		特	7570.61	2564.72	219.73	635.04		537.50	3613.62		2.50		340.80	1600.00			

续前

编号	编码	机械名称	性能规格	机型	台班单价	费用组成							人工及燃料动力用量						
						折旧费	检修费	维护费	安拆费及场外运费	人工费	燃料动力费	其他费	人工	汽油	柴油	电	煤	木柴	水
					元	元	元	元	元	元	元	元	工日	kg	kg	kW·h	kg	kg	m^3
													215.00	8.64	7.27	0.71	0.67	0.26	5.63
153	990230010	水平定向钻机	小型	大	2032.03	123.71	33.10	61.90	3.57	537.50	1272.25		2.50		175.00				
154	990230020		中型	大	2795.86	350.15	93.69	175.20	3.57	537.50	1635.75		2.50		225.00				
155	990230030		大型	大	3916.42	675.56	180.76	338.03	3.57	537.50	2181.00		2.50		300.00				
156	990231010	套管钻机		小	818.64	36.94	3.94	4.22	12.12	537.50	223.92		2.50		30.80				
157	990232010	钻孔咬合桩机		大	2295.54	378.92	81.13			537.50	1297.99		2.50		178.54				
158	990233010	振冲器	55kW	中	270.31	48.22	8.31	18.86	1.27		193.65					272.75			
159	990234010	简易拔桩架		中	631.53	15.63	5.17	13.79	13.22	537.50	46.22		2.50			65.10			
160	990235010	简易打桩架		中	320.74	7.46	0.85	2.27	26.98	268.75	14.43		1.25			20.33			
161	990236010	静压植桩机	1000kN	特	4105.26	927.91	303.77	1248.49		537.50	1087.59		2.50		149.60				
162	990238010	旋喷锚索机	100-250mm	中	579.73	87.86	1.94	12.18	77.49	268.75	131.51		1.25			185.22			

第三章

起 重 机 械

编号	编码	机械名称	性能规格		机型	台班单价	费用组成：折旧费	检修费	维护费	安拆费及场外运费	人工费	燃料动力费	其他费	人工及燃料动力用量：人工	汽油	柴油	电	煤	木柴	水
						元	元	元	元	元	元	元	元	工日	kg	kg	kW·h	kg	kg	m^3
														215.00	8.64	7.27	0.71	0.67	0.26	5.63
163	990301020	履带式电动起重机	提升质量（t）	5	中	364.21	44.12	2.61	6.13		268.75	42.60		1.25			60.00			
164	990302005	履带式起重机		5	中	783.63	68.57	15.37	28.28		537.50	133.91		2.50		18.42				
165	990302010			10	大	902.17	120.97	25.50	46.92		537.50	171.28		2.50		23.56				
166	990302015			15	大	1025.31	170.87	36.03	66.30		537.50	214.61		2.50		29.52				
167	990302020			20	大	1045.36	177.84	37.49	68.98		537.50	223.55		2.50		30.75				
168	990302025			25	大	1096.94	181.77	38.32	70.51		537.50	268.84		2.50		36.98				
169	990302030			30	大	1211.87	232.60	49.04	90.23		537.50	302.50		2.50		41.61				
170	990302035			40	大	1580.05	459.04	96.77	178.06		537.50	308.68		2.50		42.46				
171	990302040			50	特	1702.03	528.20	111.35	204.88		537.50	320.10		2.50		44.03				
172	990302045			60	特	1789.61	568.69	119.89	220.60		537.50	342.93		2.50		47.17				
173	990302065			100	特	3126.58	1308.38	270.61	497.92		537.50	512.17		2.50		70.45				
174	990302075			150	特	4307.86	2029.50	419.76	772.36		537.50	548.74		2.50		75.48				
175	990302080			200	特	5290.25	2590.76	535.84	985.95		537.50	640.20		2.50		88.06				
176	990302090			300	特	6895.13	3486.54	721.12	1326.86		537.50	823.11		2.50		113.22				
177	990303020	轮胎式起重机		16	大	1113.90	133.38	38.49	117.39		537.50	263.46	23.68	2.50		36.24				
178	990303040			25	大	1351.68	208.53	60.15	183.46		537.50	336.31	25.73	2.50		46.26				
179	990303045			35	大	1517.20	246.93	71.23	217.25		537.50	416.28	28.01	2.50		57.26				
180	990303050			40	大	1599.97	266.13	76.77	234.15		537.50	456.27	29.15	2.50		62.76				

续前

编号	编码	机械名称	性能规格		机型	台班单价	费用组成							人工及燃料动力用量						
							折旧费	检修费	维护费	安拆费及场外运费	人工费	燃料动力费	其他费	人工	汽油	柴油	电	煤	木柴	水
						元	元	元	元	元	元	元	元	工日	kg	kg	kW·h	kg	kg	m^3
														215.00	8.64	7.27	0.71	0.67	0.26	5.63
181	990304002	汽车式起重机	提升质量（t）	5	中	834.72	55.48	8.49	17.57		537.50	195.93	19.75	2.50		26.95				
182	990304004			8	中	998.31	95.30	44.42	91.95		537.50	206.69	22.45	2.50		28.43				
183	990304008			10	中	1070.23	121.85	56.66	117.29		537.50	213.88	23.05	2.50		29.42				
184	990304012			12	中	1100.52	128.52	59.90	123.99		537.50	222.10	28.51	2.50		30.55				
185	990304016			16	中	1210.64	157.49	73.39	151.92		537.50	260.63	29.71	2.50		35.85				
186	990304020			20	大	1286.47	180.54	84.13	174.15		537.50	279.24	30.91	2.50		38.41				
187	990304024			25	大	1344.40	196.80	91.72	189.86		537.50	296.11	32.41	2.50		40.73				
188	990304028			30	大	1388.69	210.18	97.96	202.78		537.50	306.36	33.91	2.50		42.14				
189	990304032			32	大	1522.05	259.24	120.82	250.10		537.50	319.88	34.51	2.50		44.00				
190	990304036			40	大	1799.01	358.68	167.16	346.02		537.50	352.74	36.91	2.50		48.52				
191	990304040			50	大	2749.61	738.38	344.09	712.27		537.50	377.46	39.91	2.50		51.92				
192	990304044			60	大	3203.03	920.32	420.89	871.24		537.50	410.17	42.91	2.50		56.42				
193	990304048			70	大	3291.76	945.31	432.29	894.84		537.50	435.91	45.91	2.50		59.96				
194	990304052			75	大	3437.67	997.71	456.27	944.48		537.50	454.30	47.41	2.50		62.49				
195	990304056			80	大	3989.73	1221.02	558.39	1155.87		537.50	468.04	48.91	2.50		64.38				
196	990304060			90	大	4520.01	1431.04	654.44	1354.69		537.50	490.43	51.91	2.50		67.46				
197	990304064			100	大	4959.21	1588.27	726.34	1503.52		537.50	548.67	54.91	2.50		75.47				
198	990304072			120	大	8025.83	2843.50	1300.37	2691.77		537.50	591.78	60.91	2.50		81.40				

续前

编号	编码	机械名称	性能规格		机型	台班单价	费用组成							人工及燃料动力用量						
							折旧费	检修费	维护费	安拆费及场外运费	人工费	燃料动力费	其他费	人工	汽油	柴油	电	煤	木柴	水
						元	元	元	元	元	元	元	元	工日	kg	kg	kW·h	kg	kg	m^3
														215.00	8.64	7.27	0.71	0.67	0.26	5.63
199	990304076	汽车式起重机	提升质量（t）	125	大	8410.32	2955.01	1351.36	2797.32		537.50	706.72	62.41	2.50		97.21				
200	990304080	汽车式起重机	提升质量（t）	150	大	8704.51	3062.80	1400.66	2899.37		537.50	734.27	69.91	2.50		101.00				
201	990304084	汽车式起重机	提升质量（t）	160	大	9133.60	3215.22	1470.36	3043.65		537.50	793.96	72.91	2.50		109.21				
202	990304088	汽车式起重机	提升质量（t）	200	大	10144.32	3618.49	1654.78	3425.39		537.50	823.25	84.91	2.50		113.24				
203	990304092	汽车式起重机	提升质量（t）	225	特	10776.04	3870.53	1770.04	3663.98		537.50	841.58	92.41	2.50		115.76				
204	990304096	汽车式起重机	提升质量（t）	250	特	11407.77	4122.58	1885.31	3902.57		537.50	859.90	99.91	2.50		118.28				
205	990304100	汽车式起重机	提升质量（t）	300	特	12629.50	4584.98	2115.83	4379.74		537.50	896.54	114.91	2.50		123.32				
206	990305010	叉式起重机	提升质量（t）	3	中	604.48	43.20	14.30	49.62		268.75	228.61		1.25	26.46					
207	990305020	叉式起重机	提升质量（t）	5	中	601.62	54.10	17.90	62.11		268.75	198.76		1.25		27.34				
208	990305030	叉式起重机	提升质量（t）	6	中	641.71	65.96	21.84	75.78		268.75	209.38		1.25		28.80				
209	990305040	叉式起重机	提升质量（t）	10	大	850.97	122.50	38.06	194.11		268.75	227.55		1.25		31.30				
210	990305070	叉式起重机	提升质量（t）	40	大	2420.46	546.55	159.71	1081.59		268.75	363.86		1.25		50.05				
211	990305080	叉式起重机	提升质量（t）	80	大	4331.35	1111.95	321.91	2264.88		268.75	363.86		1.25		50.05				
212	990306005	自升式塔式起重机	起重·力矩（kN·m）	400	大	822.34	99.64	22.11	46.43		537.50	116.66		2.50			164.31			
213	990306010	自升式塔式起重机	起重·力矩（kN·m）	600	大	845.94	112.78	25.03	52.56		537.50	118.07		2.50			166.29			
214	990306015	自升式塔式起重机	起重·力矩（kN·m）	800	大	893.95	140.03	31.07	65.25		537.50	120.10		2.50			169.16			
215	990306020	自升式塔式起重机	起重·力矩（kN·m）	1000	大	991.32	197.36	43.79	91.96		537.50	120.71		2.50			170.02			

续前

编号	编码	机械名称	性能规格		机型	台班单价	费用组成							人工及燃料动力用量						
							折旧费	检修费	维护费	安拆费及场外运费	人工费	燃料动力费	其他费	人工	汽油	柴油	电	煤	木柴	水
						元	元	元	元	元	元	元	元	工日	kg	kg	kW·h	kg	kg	m^3
														215.00	8.64	7.27	0.71	0.67	0.26	5.63
216	990306025	自升式塔式起重机	起重·力矩（kN·m）	1250	大	1014.06	204.20	45.31	95.15		537.50	131.90		2.50			185.78			
217	990306030			1500	大	1072.13	233.35	51.78	108.74		537.50	140.76		2.50			198.25			
218	990306035			2500	大	1270.25	322.21	71.50	150.15		537.50	188.89		2.50			266.04			
219	990306040			3000	特	1380.48	375.09	83.23	174.78		537.50	209.88		2.50			295.60			
220	990306045			4500	特	1977.74	567.61	123.89	260.17		806.25	219.82		3.75			309.60			
221	990306050			5000	特	2924.21	1127.84	246.17	516.96		806.25	226.99		3.75			319.70			
222	990307010	电动单梁起重机	提升质量（t）	5	中	347.22	39.19	4.17	9.05		268.75	26.06		1.25			36.70			
223	990307050	电动双梁起重机	5t		中	370.63	52.86	5.61	12.17		268.75	31.24		1.25			44.00			
224	990308010	桥式起重机	提升质量（t）	5	中	380.24	57.40	6.11	13.26		268.75	34.72		1.25			48.90			
225	990308020			15	中	416.56	85.10	8.50	18.45		268.75	35.76		1.25			50.37			
226	990308030			20	大	498.75	161.34	8.95	19.42		268.75	40.29		1.25			56.74			
227	990308040			30	大	565.87	217.43	12.06	26.17		268.75	41.46		1.25			58.39			
228	990308050			50	大	678.97	312.35	17.33	37.61		268.75	42.93		1.25			60.47			
229	990309010	门式起重机		5	中	620.17	29.56	4.19	11.40		537.50	37.52		2.50			52.85			
230	990309020			10	中	707.83	70.44	10.00	27.20		537.50	62.69		2.50			88.29			
231	990309030			20	大	884.24	151.65	20.19	27.86		537.50	147.04		2.50			207.10			

续前

编号	编码	机械名称	性能规格		机型	台班单价	费用组成							人工及燃料动力用量						
							折旧费	检修费	维护费	安拆费及场外运费	人工费	燃料动力费	其他费	人工	汽油	柴油	电	煤	木柴	水
						元	元	元	元	元	元	元	元	工日	kg	kg	kW·h	kg	kg	m^3
														215.00	8.64	7.27	0.71	0.67	0.26	5.63
232	990309040	门式起重机	提升质量（t）	30	大	982.49	212.98	28.36	39.14		537.50	164.51		2.50			231.70			
233	990309050			40	大	1110.80	265.23	35.32	48.74		537.50	224.00		2.50			315.50			
234	990309060			50	大	1343.64	428.84	57.10	78.80		537.50	241.40		2.50			340.00			
235	990309070			75	大	1551.52	571.48	76.10	105.02		537.50	261.42		2.50			368.20			
236	990310010	桅杆式起重机		5	中	673.81	35.50	4.19	17.60	28.54	537.50	50.48		2.50			71.10			
237	990310020			10	中	716.24	45.18	5.34	22.43	28.54	537.50	77.25		2.50			108.80			
238	990313010	门座吊		30	中	641.98	233.24	25.88	58.49		268.75	55.62		1.25			78.34			
239	990314020	架桥机		160	大	1106.37	552.51	61.30	145.89		268.75	77.92		1.25			109.74			
240	990315010	少先吊		1	小	297.59	3.99	0.43	3.50	9.56	268.75	11.36		1.25			16.00			
241	990316010	立式油压千斤顶	起重量（t）	100	小	10.21	1.46	0.85	1.41	6.49										
242	990316020			200	小	11.50	1.95	1.15	1.91	6.49										
243	990316030			300	小	16.48	3.90	2.29	3.80	6.49										

第四章

水平运输机械

编号	编码	机械名称	性能规格		机型	台班单价	费用组成							人工及燃料动力用量						
							折旧费	检修费	维护费	安拆费及场外运费	人工费	燃料动力费	其他费	人工	汽油	柴油	电	煤	木柴	水
						元	元	元	元	元	元	元	元	工日	kg	kg	kW·h	kg	kg	m³
														215.00	8.64	7.27	0.71	0.67	0.26	5.63
244	990401005	载重汽车	装载质量（t）	2	中	503.26	25.05	5.57	31.25		268.75	163.30	9.34	1.25	18.90					
245	990401008			2.5	中	528.53	29.90	6.66	24.58		268.75	184.38	14.26	1.25	21.34					
246	990401015			4	中	582.19	31.85	7.08	39.72		268.75	220.15	14.64	1.25	25.48					
247	990401020			5	中	600.17	33.15	7.36	41.29		268.75	234.02	15.60	1.25		32.19				
248	990401025			6	中	620.77	37.70	8.37	46.96		268.75	241.65	17.34	1.25		33.24				
249	990401030			8	大	682.38	65.75	14.61	57.42		268.75	258.01	17.84	1.25		35.49				
250	990401035			10	大	735.14	74.95	16.65	65.43		268.75	291.02	18.34	1.25		40.03				
251	990401040			12	大	865.61	117.20	24.42	95.97		268.75	336.38	22.89	1.25		46.27				
252	990401045			15	大	989.61	140.05	29.17	114.64		268.75	412.50	24.50	1.25		56.74				
253	990401055			20	大	1085.24	165.75	34.52	135.66		268.75	454.81	25.75	1.25		62.56				
254	990402010	自卸汽车		4	中	651.19	53.83	10.08	44.76		268.75	256.78	16.99	1.25	29.72					
255	990402015			5	中	675.80	58.90	11.02	48.93		268.75	270.78	17.42	1.25	31.34					
256	990402020			6	中	724.39	69.44	13.01	57.76		268.75	296.01	19.42	1.25	34.26					
257	990402025			8	大	790.46	112.85	21.10	70.47		268.75	297.56	19.73	1.25		40.93				
258	990402030			10	大	835.68	132.19	23.18	77.42		268.75	313.99	20.15	1.25		43.19				
259	990402035			12	大	1160.46	147.05	25.78	86.11		537.50	338.71	25.31	2.50		46.59				
260	990402040			15	大	1267.97	181.48	31.85	106.38		537.50	384.80	25.96	2.50		52.93				
261	990403005	平板拖车组		8	大	1007.60	96.27	15.94	75.40		537.50	277.34	5.15	2.50	32.10					
262	990403010			10	大	1093.36	103.68	17.16	81.17		537.50	348.36	5.49	2.50	40.32					

续前

编号	编码	机械名称	性能规格		机型	台班单价	费用组成							人工及燃料动力用量						
							折旧费	检修费	维护费	安拆费及场外运费	人工费	燃料动力费	其他费	人工	汽油	柴油	电	煤	木柴	水
						元	元	元	元	元	元	元	元	工日	kg	kg	kW · h	kg	kg	m^3
														215.00	8.64	7.27	0.71	0.67	0.26	5.63
263	990403012	平板拖车组	装载质量（t）	12	大	1138.69	120.20	18.90	89.41		537.50	366.85	5.83	2.50	42.46					
264	990403015			15	大	1196.25	137.81	22.57	106.76		537.50	385.26	6.35	2.50	44.59					
265	990403020			20	大	1265.03	207.67	31.88	150.79		537.50	329.99	7.20	2.50		45.39				
266	990403025			30	大	1433.33	269.36	41.33	195.49		537.50	380.73	8.92	2.50		52.37				
267	990403030			40	大	1641.42	359.86	55.21	261.14		537.50	417.08	10.63	2.50		57.37				
268	990403035			50	大	1722.72	382.85	58.73	277.79		537.50	453.50	12.35	2.50		62.38				
269	990403040			60	大	1815.63	403.24	61.85	292.55		537.50	506.43	14.06	2.50		69.66				
270	990403045			80	大	2038.84	443.02	68.09	322.07		537.50	650.66	17.49	2.50		89.50				
271	990403070	电动三轮车	≤1t		小	314.01	3.96	0.75	1.64	18.16	268.75	19.31	1.44	1.25			27.20			
272	990406010	机动翻斗车	装载质量（t）	1	小	356.94	11.97	2.93	11.51	7.65	268.75	43.84	10.29	1.25		6.03				
273	990406020			1.5	中	384.93	13.74	2.71	10.65	7.65	268.75	71.03	10.40	1.25		9.77				
274	990407010	轨道平车		5	小	34.17	7.54	0.77	3.03	22.83										
275	990407020			10	中	85.91	41.93	4.29	16.86	22.83										
276	990407030			20	中	120.18	64.66	6.63	26.06	22.83										
277	990407040			30	中	206.52	122.11	12.49	49.09	22.83										
278	990409020	酒水车	罐容量（L）	4000	中	653.91	56.00	9.81	42.08		268.75	261.01	16.26	1.25	30.21					
279	990409040			8000	大	701.70	66.10	11.57	49.64		268.75	286.93	18.71	1.25	33.21					
280	990409050				中	653.91	56.00	9.81	42.08		268.75	261.01	16.26	1.25	30.21					

续前

编号	编码	机械名称	性能规格		机型	台班单价	费用组成							人工及燃料动力用量						
							折旧费	检修费	维护费	安拆费及场外运费	人工费	燃料动力费	其他费	人工	汽油	柴油	电	煤	木柴	水
						元	元	元	元	元	元	元	元	工日	kg	kg	kW·h	kg	kg	m^3
														215.00	8.64	7.27	0.71	0.67	0.26	5.63
281	990411010	泥浆罐车	罐容量（L）	5000	中	686.31	65.85	11.46	49.16		268.75	272.76	18.33	1.25	31.57					
282	990414010	电瓶车	牵引质量（t）	2.5	中	387.80	21.35	4.04	6.42	18.16	268.75	48.28	20.80	1.25			68.00			
283	990414030			7	中	513.33	40.58	7.69	16.84	31.71	268.75	124.25	23.51	1.25			175.00			
284	990414040			8	大	534.14	42.57	8.06	17.65	31.71	268.75	141.74	23.66	1.25			199.64			
285	990414050			10	大	577.44	50.26	9.51	20.83	31.71	268.75	172.40	23.98	1.25			242.81			
286	990416010	工程驳船	装载质量（t）	5	中	270.32	1.47	0.03	0.07		268.75			1.25						
287	990416020			10	中	273.34	4.33	0.08	0.18		268.75			1.25						
288	990416030			15	中	277.83	8.05	0.32	0.71		268.75			1.25						
289	990416040			30	大	287.85	15.76	1.04	2.30		268.75			1.25						
290	990416050			50	大	305.38	30.20	2.00	4.43		268.75			1.25						
291	990416060			80	大	595.05	47.27	3.19	7.09		537.50			2.50						
292	990416070			100	大	606.87	59.09	3.19	7.09		537.50			2.50						
293	990416080			120	大	619.10	70.04	3.58	7.98		537.50			2.50						
294	990416090			400	大	790.29	223.24	9.16	20.39		537.50			2.50						
295	990417010	矿用斗车	$0.6m^3$		小	10.42	4.50	0.37	0.82	4.73										
296	990418010	拉铲挖土机	$0.5m^3$		大	1012.50	143.57	32.95	73.35		537.50	219.92	5.21	2.50		30.25				
297	990418020		$1m^3$		大	1302.94	184.48	42.34	94.23		537.50	439.18	5.21	2.50		60.41				

续前

编号	编码	机械名称	性能规格	机型	台班单价	费用组成							人工及燃料动力用量						
						折旧费	检修费	维护费	安拆费及场外运费	人工费	燃料动力费	其他费	人工	汽油	柴油	电	煤	木柴	水
					元	元	元	元	元	元	元	元	工日	kg	kg	kW · h	kg	kg	m^3
													215.00	8.64	7.27	0.71	0.67	0.26	5.63
298	990419010	油泵车		大	1285.32	407.56	39.04	86.90		268.75	454.38	28.69	1.25		62.50				
299	990420010	液压泵车		大	545.90	102.56	16.84	72.26			354.24			41.00					
300	990421010	小型工程车		中	343.88	8.44	2.87	6.38	1.82	268.75	55.62		1.25		7.65				
301	990422010	手动液压叉车		小	274.06	2.90	0.54	1.87		268.75			1.25						
302	990423010	杀虫车	1.5t	小	487.81	6.36	0.07	0.02		404.20	77.16		1.88	8.93					
303	990424010	双头车		中	663.38	62.54	13.89	77.93		268.75	227.48	12.79	1.25		31.29				
304	990424020	塑料粉末喷枪		小	19.35	9.44	3.07	6.84											

第五章

垂直运输机械

编号	编码	机械名称	性能规格		机型	台班单价	费用组成							人工及燃料动力用量						
							折旧费	检修费	维护费	安拆费及场外运费	人工费	燃料动力费	其他费	人工	汽油	柴油	电	煤	木柴	水
						元	元	元	元	元	元	元	元	工日	kg	kg	kW · h	kg	kg	m³
														215.00	8.64	7.27	0.71	0.67	0.26	5.63
305	990501001	电动单筒快速卷扬机	1kN		小	284.87	0.87	0.38	1.01	9.10	268.75	4.76		1.25			6.70			
306	990501010	电动单筒快速卷扬机	牵引力（kN）	5	小	291.14	1.09	0.48	1.28	9.10	268.75	10.44		1.25			14.70			
307	990501020	电动单筒快速卷扬机	牵引力（kN）	10	小	304.65	1.31	0.58	1.55	9.10	268.75	23.36		1.25			32.90			
308	990501040	电动单筒快速卷扬机	牵引力（kN）	20	小	332.13	2.49	1.13	3.02	9.10	268.75	47.64		1.25			67.10			
309	990501050	电动单筒快速卷扬机	牵引力（kN）	30	小	350.06	7.37	3.31	8.84	9.10	268.75	52.69		1.25			74.21			
310	990502020	电动双筒快速卷扬机	牵引力（kN）	30	小	368.20	9.82	2.79	7.45	9.10	268.75	70.29		1.25			99.00			
311	990502030	电动双筒快速卷扬机	牵引力（kN）	50	小	397.71	14.88	4.23	11.29	9.10	268.75	89.46		1.25			126.00			
312	990503005	电动单筒慢速卷扬机	5kN		小	293.63	3.07	0.87	1.19	9.10	268.75	10.65		1.25			15.00			
313	990503010	电动单筒慢速卷扬机	牵引力（kN）	10	小	306.50	3.57	1.27	3.39	9.10	268.75	20.42		1.25			28.76			
314	990503020	电动单筒慢速卷扬机	牵引力（kN）	30	小	313.25	5.65	2.01	5.37	9.10	268.75	22.36		1.25			31.50			
315	990503030	电动单筒慢速卷扬机	牵引力（kN）	50	小	318.66	7.37	2.61	6.97	9.10	268.75	23.86		1.25			33.60			
316	990503040	电动单筒慢速卷扬机	牵引力（kN）	80	小	361.32	16.83	5.97	15.94	9.10	268.75	44.73		1.25			63.00			
317	990503050	电动单筒慢速卷扬机	牵引力（kN）	100	中	391.33	26.78	9.50	25.37	9.10	268.75	51.83		1.25			73.00			
318	990504010	电动双筒慢速卷扬机	牵引力（kN）	30	小	322.91	10.59	2.50	6.98	9.10	268.75	24.99		1.25			35.20			
319	990504020	电动双筒慢速卷扬机	牵引力（kN）	50	小	343.30	15.34	3.63	10.13	9.10	268.75	36.35		1.25			51.20			
320	990504030	电动双筒慢速卷扬机	牵引力（kN）	80	小	392.54	21.58	5.11	38.02	9.10	268.75	49.98		1.25			70.40			
321	990504040	电动双筒慢速卷扬机	牵引力（kN）	100	中	433.76	34.88	8.25	61.38	9.10	268.75	51.40		1.25			72.40			

续前

编号	编码	机械名称	性能规格		机型	台班单价	费用组成							人工及燃料动力用量						
							折旧费	检修费	维护费	安拆费及场外运费	人工费	燃料动力费	其他费	人工	汽油	柴油	电	煤	木柴	水
						元	元	元	元	元	元	元	元	工日	kg	kg	kW·h	kg	kg	m³
														215.00	8.64	7.27	0.71	0.67	0.26	5.63
322	990505010	卷扬机带40m塔	牵引力（kN）	50	中	350.29	17.96	8.08	22.54	9.10	268.75	23.86		1.25			33.60			
323	990506010	单笼施工电梯	提升质量（t） 1；提升高度（m）	75	中	438.04	72.07	22.39	44.78		268.75	30.05		1.25			42.32			
324	990506020	单笼施工电梯	提升质量（t） 1；提升高度（m）	100	中	456.95	80.63	25.05	50.10		268.75	32.42		1.25			45.66			
325	990507020	双笼施工电梯	提升质量（t） 2×1；提升高度（m）	100	中	792.88	102.10	31.72	63.44		537.50	58.12		2.50			81.86			
326	990507040	双笼施工电梯	提升质量（t） 2×1；提升高度（m）	200	大	870.91	113.80	35.35	70.70		537.50	113.56		2.50			159.94			
327	990507050	双笼施工电梯	提升质量（t） 2×1；提升高度（m）	300	大	1046.60	200.13	62.18	124.36		537.50	122.43		2.50			172.43			
328	990508020	电动吊篮	提升质量（t）	0.63	小	48.40	15.32	3.43	6.93	8.44		14.28					20.11			
329	990509010	单速电动葫芦	提升质量（t）	2	小	31.22	9.03	2.04	6.73			13.42					18.90			
330	990509020	单速电动葫芦	提升质量（t）	3	小	33.52	10.21	2.30	7.59			13.42					18.90			
331	990509030	单速电动葫芦	提升质量（t）	5	小	40.63	13.54	3.03	10.00			14.06					19.80			
332	990511020	皮带运输机	带长×带宽（m）	15×0.5	小	356.09	18.11	7.28	25.55	21.79	268.75	14.61		1.25			20.58			
333	990512010	平台作业升降车	提升高度（m）	9	小	320.64	43.57	14.44	20.22	38.05		204.36				28.11				
334	990512020	平台作业升降车	提升高度（m）	16	中	411.96	69.67	23.08	32.31	38.05		248.85				34.23				
335	990512030	平台作业升降车	提升高度（m）	20	中	535.89	81.95	27.13	37.98	38.05		350.78				48.25				
336	990512040	平台作业升降车	提升高度（m）	22	中	586.80	93.67	31.01	43.41	38.05		380.66				52.36				

续前

编号	编码	机械名称	性能规格		机型	台班单价	费用组成							人工及燃料动力用量						
							折旧费	检修费	维护费	安拆费及场外运费	人工费	燃料动力费	其他费	人工	汽油	柴油	电	煤	木柴	水
						元	元	元	元	元	元	元	元	工日	kg	kg	kW·h	kg	kg	m^3
														215.00	8.64	7.27	0.71	0.67	0.26	5.63
337	990513010	汽车式高空作业车	提升高度（m）	18	大	729.92	160.04	49.72	69.61		268.75	157.25	24.55	1.25	18.20					
338	990513020	汽车式高空作业车	提升高度（m）	21	大	950.76	274.30	85.21	119.29		268.75	176.26	26.95	1.25	20.40					
339	990515010	吊装机械（综合）			中	861.70	7.60	0.68	0.97	4.73	806.25	41.47		3.75	4.80					

第六章

混凝土及砂浆机械

编号	编码	机械名称	性能规格		机型	台班单价	费用组成							人工及燃料动力用量						
							折旧费	检修费	维护费	安拆费及场外运费	人工费	燃料动力费	其他费	人工	汽油	柴油	电	煤	木柴	水
						元	元	元	元	元	元	元	元	工日	kg	kg	kW·h	kg	kg	m³
														215.00	8.64	7.27	0.71	0.67	0.26	5.63
340	990601010	涡浆式混凝土搅拌机	出料容量（L）	250	小	328.40	14.11	3.17	7.54	10.62	268.75	24.21		1.25			34.10			
341	990601020			350	小	368.63	19.76	4.43	10.54	10.62	268.75	54.53		1.25			76.80			
342	990601030			500	中	414.22	33.17	7.46	17.75	10.62	268.75	76.47		1.25			107.71			
343	990602010	双锥反转出料混凝土搅拌机		200	小	306.67	5.92	1.33	3.51	10.62	268.75	16.54		1.25			23.30			
344	990602030			500	中	353.68	22.09	4.96	8.18	10.62	268.75	39.08		1.25			55.04			
345	990603020	单卧轴式混凝土搅拌机		250	小	339.09	12.32	2.77	11.19	10.62	268.75	33.44		1.25			47.10			
346	990604010	双卧轴式混凝土搅拌机		350	小	389.69	16.99	3.82	18.11	10.62	268.75	71.40		1.25			100.56			
347	990607010	混凝土输送泵车	输送量（m³/h）	45	大	1628.43	352.33	50.82	138.74		537.50	530.20	18.84	2.50		72.93				
348	990607020			75	大	1874.52	452.32	65.25	178.13		537.50	609.73	31.59	2.50		83.87				
349	990607030			90	大	2491.23	866.64	125.01	240.02		537.50	683.96	38.10	2.50		94.08				
350	990608015	混凝土输送泵		30	大	746.23	196.27	32.66	72.83	28.54	268.75	147.18		1.25			207.30			
351	990608070		26MPa		大	741.38	195.72	31.77	70.85	27.11	268.75	147.18		1.25			207.30			
352	990609010	混凝土湿喷机	生产率（m³/h）	5	中	604.90	24.70	4.38	17.83	9.56	537.50	10.93		2.50			15.40			
353	990610010	灰浆搅拌机	拌筒容量（L）	200	小	289.83	2.55	0.36	1.44	10.62	268.75	6.11		1.25			8.61			
354	990610020			400	小	296.06	3.47	0.49	1.96	10.62	268.75	10.77		1.25			15.17			

续前

编号	编码	机械名称	性能规格		机型	台班单价	费用组成							人工及燃料动力用量						
							折旧费	检修费	维护费	安拆费及场外运费	人工费	燃料动力费	其他费	人工	汽油	柴油	电	煤	木柴	水
						元	元	元	元	元	元	元	元	工日	kg	kg	kW · h	kg	kg	m³
														215.00	8.64	7.27	0.71	0.67	0.26	5.63
355	990611001	干混砂浆搅拌机			小	333.76	23.12	2.33	9.28	10.04	268.75	20.24		1.25			28.51			
356	990611010	干混砂浆罐式搅拌机	公称储量（L）	20000	小	334.87	22.96	4.17	8.13	10.62	268.75	20.24		1.25			28.51			
357	990612010	挤压式灰浆输送泵	输送量（m³/h）	3	小	322.48	12.26	2.60	12.48	9.56	268.75	16.83		1.25			23.70			
358	990612030			5	小	343.69	17.96	3.82	18.34	9.56	268.75	25.26		1.25			35.58			
359	990615010	偏心式振动筛	生产率（m³/h）	16	小	301.10	4.07	0.91	2.37	4.69	268.75	20.31		1.25			28.60			
360	990616010	混凝土振动台	台面尺寸（m）	1.5 × 6	小	356.51	19.38	2.75	15.21	14.71	268.75	35.71		1.25			50.30			
361	990617010	混凝土抹平机	功率（kW）	5.5	小	23.61	1.57	0.22	0.70	4.69		16.43					23.14			
362	990618010	混凝土切缝机		7.5	小	30.47	2.17	0.29	0.92	4.69		22.40					31.55			
363	990619010	泥浆拌合机	100～150L		小	282.06	1.88	0.55	2.16	1.62	268.75	7.10		1.25			10.00			
364	990620010	喷浆搅拌机	DM-3		小	862.23	139.45	22.99	66.44		537.50	95.85		2.50			135.00			
365	990620020	塑胶喷浆机			小	93.89	7.39	0.26	1.04			85.20					120.00			
366	990622020	深层喷射搅拌机	15m 以内		中	682.96	57.74	4.95	9.95		537.50	72.82		2.50			102.56			
367	990622030		25m 以内		中	714.72	79.39	2.26	4.54		537.50	91.03		2.50			128.21			

续前

编号	编码	机械名称	性能规格	机型	台班单价	费用组成							人工及燃料动力用量						
						折旧费	检修费	维护费	安拆费及场外运费	人工费	燃料动力费	其他费	人工	汽油	柴油	电	煤	木柴	水
					元	元	元	元	元	元	元	元	工日	kg	kg	kW·h	kg	kg	m^3
													215.00	8.64	7.27	0.71	0.67	0.26	5.63
368	990623010	混凝土振捣器	插入式	小	11.06	2.07	1.55	3.10	1.50		2.84					4.00			
369	990624020	注浆机	BW320	小	309.44	16.02	3.70	7.51	1.94	268.75	11.52		1.25			16.23			
370	990625010	水泥稳定碎石拌合站（RB400）	92kW/h	大	1298.40	129.49	35.55	90.30		537.50	505.56		2.50		69.54				
371	990635010	塑胶搅拌机		小	293.80	5.79	1.11	2.25	10.04	268.75	5.86		1.25			8.25			
372	990635020	手持搅拌机		小	307.28	16.13	4.17	8.13	10.10	268.75			1.25						

第七章

加 工 机 械

编号	编码	机械名称	性能规格		机型	台班单价	费用组成							人工及燃料动力用量						
							折旧费	检修费	维护费	安装、拆除费及场外运费	人工费	燃料动力费	其他费	人工	汽油	柴油	电	煤	木柴	水
						元	元	元	元	元	元	元	元	工日	kg	kg	kW·h	kg	kg	m^3
														215.00	8.64	7.27	0.71	0.67	0.26	5.63
373	990701010	钢筋调直机	直径（mm）	14	小	36.61	11.61	2.33	6.20	8.02		8.45					11.90			
374	990701040	钢筋调直机	40mm		小	47.18	17.05	3.42	9.10	8.02		9.58					13.50			
375	990702010	钢筋切断机	直径（mm）	40	小	42.17	5.23	1.05	4.66	8.44		22.79					32.10			
376	990702020	钢筋切断机	直径（mm）	50	小	55.67	9.60	1.93	8.57	8.44		27.13					38.21			
377	990703010	钢筋弯曲机	直径（mm）	40	小	25.97	3.80	0.76	3.88	8.44		9.09					12.80			
378	990704020	钢筋镦粗机	4kW		小	35.96	12.64	0.67	2.97	7.98		11.70					16.48			
379	990705010	预应力钢筋拉伸机	拉伸力（kN）	650	小	25.94	7.98	1.23	4.48			12.25					17.25			
380	990705020	预应力钢筋拉伸机	拉伸力（kN）	900	小	40.22	11.40	1.75	6.37			20.70					29.16			
381	990705045	预应力钢筋拉伸机	拉伸力（kN）	3000	中	103.47	29.74	4.58	16.67			52.48					73.91			
382	990706010	木工圆锯机	直径（mm）	500	小	26.05	2.12	0.40	0.86	5.63		17.04					24.00			
383	990706020	木工圆锯机	直径（mm）	600	小	34.79	3.51	0.66	1.42	5.63		23.57					33.20			
384	990706030	木工圆锯机	直径（mm）	1000	小	66.00	4.90	0.93	2.00	5.63		52.54					74.00			
385	990709010	木工平刨床	刨削宽度（mm）	300	小	10.69	2.39	0.45	1.74			6.11					8.60			
386	990709020	木工平刨床	刨削宽度（mm）	500	小	23.25	7.33	1.39	5.37			9.16					12.90			
387	990710010	木工单面压刨床	刨削宽度（mm）	600	小	32.13	6.95	1.31	3.56			20.31					28.60			
388	990711010	木工双面压刨床	刨削宽度（mm）	600	小	50.40	11.24	2.13	5.79			31.24					44.00			
389	990712010	木工三面压刨床	刨削宽度（mm）	400	中	62.16	15.47	2.93	6.56			37.20					52.40			

续前

编号	编码	机械名称	性能规格		机型	台班单价	费用组成							人工及燃料动力用量						
							折旧费	检修费	维护费	安装、拆除费及场外运费	人工费	燃料动力费	其他费	人工	汽油	柴油	电	煤	木柴	水
						元	元	元	元	元	元	元	元	工日	kg	kg	kW·h	kg	kg	m^3
														215.00	8.64	7.27	0.71	0.67	0.26	5.63
390	990713010	木工四面压刨床	刨削宽度（mm）	300	中	83.57	22.75	4.31	9.65			46.86					66.00			
391	990717010	木工裁口机	宽度（mm）	400	小	33.64	4.61	0.87	2.60			25.56					36.00			
392	990718010	普通车床	工件直径×工件长度（mm）	400×1000	小	304.86	14.18	6.04	6.34		268.75	9.55		1.25			13.45			
393	990718020	普通车床	工件直径×工件长度（mm）	400×2000	小	317.91	17.61	7.50	7.88		268.75	16.17		1.25			22.77			
394	990718030	普通车床	工件直径×工件长度（mm）	630×1400	中	329.53	22.53	9.59	10.07		268.75	18.59		1.25			26.18			
395	990718040	普通车床	工件直径×工件长度（mm）	630×2000	中	341.75	27.55	11.72	12.31		268.75	21.42		1.25			30.17			
396	990718050	普通车床	工件直径×工件长度（mm）	660×2000	中	369.96	31.35	13.35	14.02		268.75	42.49		1.25			59.84			
397	990718060	普通车床	工件直径×工件长度（mm）	1000×5000	中	517.14	95.96	40.83	42.87		268.75	68.73		1.25			96.80			
398	990722010	龙门刨床	刨削宽度×长度（mm）	1000×3000	中	446.54	125.26	20.84	11.88		268.75	19.81		1.25			27.90			
399	990723010	牛头刨床	刨削长度（mm）	650	小	301.74	17.87	3.17	2.12		268.75	9.83		1.25			13.84			
400	990724010	立式铣床	台宽×台长（mm）	320×1250	中	318.42	26.16	4.65	3.67		268.75	15.19		1.25			21.40			
401	990725020	卧式铣床	台宽×台长（mm）	400×1600	中	329.75	33.80	6.00	4.74		268.75	16.46		1.25			23.18			

续前

编号	编码	机械名称	性能规格		机型	台班单价	费用组成							人工及燃料动力用量						
							折旧费	检修费	维护费	安装、拆除费及场外运费	人工费	燃料动力费	其他费	人工	汽油	柴油	电	煤	木柴	水
						元	元	元	元	元	元	元	元	工日	kg	kg	kW · h	kg	kg	m^3
														215.00	8.64	7.27	0.71	0.67	0.26	5.63
402	990726010	台式钻床	钻孔直径（mm）	16	小	4.19	0.90	0.16	0.30			2.83					3.98			
403	990727010	立式钻床		25	小	6.70	2.88	0.50	0.46			2.86					4.03			
404	990727020			35	小	10.78	4.63	0.82	0.75			4.58					6.45			
405	990727030			50	小	20.13	9.77	1.73	1.57			7.06					9.95			
406	990727040	磁力电钻			小	28.39	7.86	4.80	12.90			2.83					3.98			
407	990728010	摇臂钻床	钻孔直径（mm）	25	小	8.72	4.24	0.75	0.41			3.32					4.67			
408	990728020			50	中	21.25	11.17	1.98	1.09			7.01					9.87			
409	990728030			63	中	41.66	23.17	4.11	2.26			12.12					17.07			
410	990730010	锥形螺纹车丝机	直径（mm）	45	小	17.43	2.79	0.59	1.00	6.49		6.56					9.24			
411	990731010	螺栓套丝机		39	小	27.07	2.15	0.25	0.43	6.49		17.75					25.00			
412	990732005	剪板机	厚度×宽度（mm）	6.3×2000	中	313.31	19.90	2.83	1.50		268.75	20.33		1.25			28.64			
413	990732010			10×2500	中	344.23	36.52	5.18	2.75		268.75	31.03		1.25			43.70			
414	990732020			13×3000	中	365.35	47.11	8.27	4.38		268.75	36.84		1.25			51.89			
415	990732025			16×2500	中	367.40	49.68	7.06	3.74		268.75	38.17		1.25			53.76			
416	990732030			20×2000	中	387.09	64.94	9.22	4.89		268.75	39.29		1.25			55.34			
417	990732035			20×2500	中	403.77	77.48	10.99	5.82		268.75	40.73		1.25			57.37			

续前

编号	编码	机械名称	性能规格		机型	台班单价	费用组成							人工及燃料动力用量						
							折旧费	检修费	维护费	安装、拆除费及场外运费	人工费	燃料动力费	其他费	人工	汽油	柴油	电	煤	木柴	水
						元	元	元	元	元	元	元	元	工日	kg	kg	kW·h	kg	kg	m^3
														215.00	8.64	7.27	0.71	0.67	0.26	5.63
418	990732045	剪板机	厚度×宽度（mm）	32×4000	大	663.56	252.26	33.59	17.80		268.75	91.16		1.25			128.40			
419	990732050	剪板机	厚度×宽度（mm）	40×3100	大	700.18	296.60	39.49	20.93		268.75	74.41		1.25			104.80			
420	990733010	板料校平机	厚度×宽度（mm）	10×2000	大	936.89	524.08	58.16	30.24		268.75	55.66		1.25			78.40			
421	990733020	板料校平机	厚度×宽度（mm）	16×2000	大	1142.83	674.66	74.86	38.93		268.75	85.63		1.25			120.60			
422	990733030	板料校平机	厚度×宽度（mm）	16×2500	大	1209.32	726.22	80.58	41.90		268.75	91.87		1.25			129.40			
423	990734005	卷板机	板厚×宽度（mm）	2×1600	中	305.65	12.61	2.25	1.73		268.75	20.31		1.25			28.60			
424	990734010	卷板机	板厚×宽度（mm）	20×2000	中	320.81	22.11	3.92	3.02		268.75	23.01		1.25			32.41			
425	990734015	卷板机	板厚×宽度（mm）	20×2500	中	348.12	25.77	4.57	3.52		268.75	45.51		1.25			64.10			
426	990734025	卷板机	板厚×宽度（mm）	30×2000	大	423.70	80.20	13.35	10.28		268.75	51.12		1.25			72.00			
427	990734035	卷板机	板厚×宽度（mm）	30×3000	大	530.84	128.17	21.34	16.43		268.75	96.15		1.25			135.42			
428	990734040	卷板机	板厚×宽度（mm）	40×3500	大	588.89	150.29	25.01	19.26		268.75	125.58		1.25			176.87			
429	990734055	卷板机	板厚×宽度（mm）	70×3000	大	1135.50	512.42	85.29	65.67		268.75	203.37		1.25			286.44			
430	990735010	联合冲剪机	板厚（mm）	16	中	342.09	44.76	9.53	9.82		268.75	9.23		1.25			13.00			
431	990736010	刨边机	加工长度（mm）	9000	大	572.30	176.63	35.28	37.75		268.75	53.89		1.25			75.90			
432	990736020	刨边机	加工长度（mm）	12000	大	622.84	212.39	42.42	45.39		268.75	53.89		1.25			75.90			

续前

编号	编码	机械名称	性能规格		机型	台班单价	费用组成							人工及燃料动力用量						
							折旧费	检修费	维护费	安装、拆除费及场外运费	人工费	燃料动力费	其他费	人工	汽油	柴油	电	煤	木柴	水
						元	元	元	元	元	元	元	元	工日	kg	kg	kW·h	kg	kg	m^3
														215.00	8.64	7.27	0.71	0.67	0.26	5.63
433	990737010	折方机	厚度×宽度（mm）	1.5×2000	小	13.92	4.56	0.97	0.41			7.98					11.24			
434	990737040	折方机	厚度×宽度（mm）	4×2000	中	31.78	17.42	3.71	0.56			9.09					12.80			
435	990738010	扳边机	厚度×宽度（mm）	2×1500	中	17.12	5.83	1.24	0.52			9.53					13.42			
436	990739020	咬口机	板厚（mm）	1.5	小	16.65	5.94	0.35	0.98			9.38					13.21			
437	990740010	坡口机	功率（kW）	2.2	小	31.61	15.32	0.91	2.18	8.44		4.76					6.70			
438	990740020	坡口机	功率（kW）	2.8	小	32.69	15.91	0.94	2.26	8.44		5.14					7.24			
439	990742010	开孔机	开孔直径（mm）	200	中	282.61	3.01	0.18	0.30		268.75	10.37		1.25			14.60			
440	990742020	开孔机	开孔直径（mm）	400	中	285.72	3.17	0.19	0.32		268.75	13.29		1.25			18.72			
441	990742030	开孔机	开孔直径（mm）	600	中	287.45	4.35	0.26	0.43		268.75	13.66		1.25			19.24			
442	990743010	等离子切割机	电流（A）	400	小	225.40	33.96	6.03	36.00	11.95		137.46					193.60			
443	990744010	半自动切割机	厚度（mm）	100	小	86.49	1.84	0.32	2.00	12.75		69.58					98.00			
444	990746010	弓锯床	锅料直径（mm）	250	小	24.43	10.85	0.64	0.97	8.44		3.53					4.97			
445	990747010	管子切断机	管径（mm）	60	小	16.78	3.80	0.81	2.27	6.49		3.41					4.80			
446	990747020	管子切断机	管径（mm）	150	小	33.71	10.89	2.32	4.85	6.49		9.16					12.90			

续前

编号	编码	机械名称	性能规格		机型	台班单价	费用组成							人工及燃料动力用量						
							折旧费	检修费	维护费	安装、拆除费及场外运费	人工费	燃料动力费	其他费	人工	汽油	柴油	电	煤	木柴	水
						元	元	元	元	元	元	元	元	工日	kg	kg	kW·h	kg	kg	m³
														215.00	8.64	7.27	0.71	0.67	0.26	5.63
447	990747030	管子切断机	管径（mm）	250	小	43.26	12.54	2.67	5.58	6.49		15.97					22.50			
448	990747040			325	中	82.28	31.98	6.80	14.21	6.49		22.80					32.11			
449	990748010	管子切断套丝机		159	小	21.72	3.80	0.45	1.49	6.49		9.49					13.36			
450	990749010	型钢剪断机	剪断宽度（mm）	500	中	358.54	38.55	6.84	6.63		268.75	37.77		1.25			53.20			
451	990751010	型钢矫正机	厚度×宽度（mm）	60×800	中	331.61	12.81	2.27	2.20		268.75	45.58		1.25			64.20			
452	990753010	中频加热处理机	功率（kW）	50	小	36.23	7.16	0.84	0.97			27.26					38.40			
453	990753020			100	中	95.46	53.77	6.36	7.38			27.95					39.37			
454	990755010	中频煨弯机		160	中	71.70	30.21	3.57	4.14	6.49		27.29					38.44			
455	990755020			250	中	91.42	43.70	5.17	6.00	6.49		30.06					42.34			
456	990756010	钢材电动煨弯机	弯曲直径（mm）	500 以内	中	50.48	20.82	2.46	1.70	6.03		19.47					27.42			
457	990757010	法兰卷圆机	L40×4		小	33.66	12.94	0.76	2.43	8.44		9.09					12.80			
458	990758010	电动弯管机	管径（mm）	50	小	25.56	3.80	0.45	0.52	6.49		14.30					20.14			
459	990758020			100	小	31.87	7.60	0.89	1.03	6.49		15.86					22.34			
460	990758030			108	小	77.89	38.70	4.59	5.32	6.49		22.79					32.10			

续前

编号	编码	机械名称	性能规格		机型	台班单价	费用组成							人工及燃料动力用量						
							折旧费	检修费	维护费	安装、拆除费及场外运费	人工费	燃料动力费	其他费	人工	汽油	柴油	电	煤	木柴	水
						元	元	元	元	元	元	元	元	工日	kg	kg	kW·h	kg	kg	m^3
														215.00	8.64	7.27	0.71	0.67	0.26	5.63
461	990759010	液压弯管机	管径（mm）	60	中	48.41	18.11	2.15	2.49	6.49		19.17					27.00			
462	990760030	空气锤	锤体质量（kg）	400	中	427.43	52.96	6.26	8.01		268.75	91.45		1.25			128.80			
463	990761010	摩擦压力机	压力（kN）	1600	中	350.23	44.94	2.66	4.20		268.75	29.68		1.25			41.80			
464	990761020	摩擦压力机	压力（kN）	3000	中	449.64	98.28	5.46	8.63		268.75	68.52		1.25			96.50			
465	990763010	液压机	压力（kN）	500	中	403.08	58.51	6.91	8.84		268.75	60.07		1.25			84.60			
466	990763050	液压机	压力（kN）	2000	中	460.95	71.81	8.49	10.87		268.75	101.03		1.25			142.30			
467	990764010	液压压接机	压力（t）	100	中	106.07	24.15	1.43	1.52	5.63		73.34					103.30			
468	990764020	液压压接机	压力（t）	200	中	166.15	39.98	9.47	10.04	5.63		101.03					142.30			
469	990765010	钢筋挤压连接机	直径（mm）	40	小	31.40	11.41	0.67	1.47	7.03		10.82					15.24			
470	990766010	风动锻钎机			小	25.46	8.95	1.06	0.74	14.71										
471	990768010	电动修钎机			中	107.14	17.42	2.05	1.39	14.71		71.57					100.80			
472	990772010	岩石切割机	功率（kW）	3	小	47.59	28.03	1.58	1.53	8.44		8.01					11.28			
473	990773010	平面水磨石机	功率（kW）	3	小	20.58	2.28	0.14	1.19	7.03		9.94					14.00			

续前

编号	编码	机械名称	性能规格		机型	台班单价	费用组成							人工及燃料动力用量						
							折旧费	检修费	维护费	安装、拆除费及场外运费	人工费	燃料动力费	其他费	人工	汽油	柴油	电	煤	木柴	水
						元	元	元	元	元	元	元	元	工日	kg	kg	kW·h	kg	kg	m^3
														215.00	8.64	7.27	0.71	0.67	0.26	5.63
474	990775010	喷砂除锈机	能力（m^3/min）	3	小	33.98	6.33	0.76	1.09	5.63		20.17					28.41			
475	990776010	抛丸除锈机	直径（mm）	219	中	280.54	197.35	21.91	31.33	5.63		24.32					34.26			
476	990776020			500	中	374.35	268.72	29.83	42.66	5.63		27.51					38.74			
477	990776030			1000	大	655.11	487.86	54.13	77.41	5.63		30.08					42.37			
478	990778010	万能母线煨弯机			中	28.91	8.51	0.51	1.12	7.03		11.74					16.54			
479	990779010	封口机			中	36.73	18.93	1.12	2.46	7.03		7.19					10.12			
480	990783010	内切割机			小	38.17	23.22	0.83	1.84	3.03		9.25					13.03			
481	990784010	燃油式路面切割机			中	152.02	3.49	0.53	1.16	5.32		141.52			16.38					
482	990785010	砂轮切割机			小	19.82	1.31	0.49	1.08	5.32		11.62					16.37			
483	990785020		ϕ350		小	19.82	1.31	0.49	1.08	5.32		11.62					16.37			
484	990785030		ϕ400		小	21.87	1.50	0.57	1.23	5.32		13.25					18.66			
485	990785040		ϕ500		小	25.68	1.89	0.71	1.59	5.32		16.17					22.78			
486	990786010	数控火焰切割机			中	389.93	27.37	3.40	20.30	3.65	268.75	66.46		1.25			93.60			
487	990787010	轻便钻孔机			小	64.44	10.51	1.94	4.56			47.43					66.80			

续前

编号	编码	机械名称	性能规格	机型	台班单价	费用组成							人工及燃料动力用量						
						折旧费	检修费	维护费	安装、拆除费及场外运费	人工费	燃料动力费	其他费	人工	汽油	柴油	电	煤	木柴	水
					元	元	元	元	元	元	元	元	工日	kg	kg	kW·h	kg	kg	m^3
													215.00	8.64	7.27	0.71	0.67	0.26	5.63
488	990787020	履带式单轴钻孔机	D-150HP	中	853.31	223.15	7.03	7.53		537.50	78.10		2.50			110.00			
489	990787030	岩石钻孔机	ϕ500/800	大	1009.86	111.36	46.19	79.45	17.26	537.50	218.10		2.50		30.00				
490	990788010	金属面抛光机		小	32.91	6.90	2.70	6.01	6.65		10.65					15.00			
491	990789010	金刚石吸尘磨光机		小	31.57	7.90	1.20	2.68	6.65		13.14					18.51			
492	990789020	磨光机		小	42.46	7.88	1.22	2.71	6.65		24.00					33.80			
493	990790010	风割机		小	79.19	5.94	1.43	3.17	6.20		62.45					87.96			
494	990791010	PX-40A型喷射清洗机	XIV	小	47.28	24.40	6.80	7.28			8.80					12.40			
495	990792010	布料机		大	455.95	128.65	15.58	30.69		268.75	12.28		1.25			17.30			
496	990793010	裁板机	1300mm	小	51.86	4.24	1.40	28.78			17.44					24.56			
497	990794010	电动胀管机		小	42.56	5.52	0.80	1.38			34.86					49.10			
498	990794020	挤扩机	ZJ600-Ⅱ	大	588.35	150.68	10.69	20.10		268.75	138.13		1.25		19.00				
499	990795010	液压断管机	500mm	中	97.32	37.89	7.55	15.77	6.49		29.62					41.72			

续前

编号	编码	机械名称	性能规格	机型	台班单价	费用组成							人工及燃料动力用量						
						折旧费	检修费	维护费	安装、拆除费及场外运费	人工费	燃料动力费	其他费	人工	汽油	柴油	电	煤	木柴	水
					元	元	元	元	元	元	元	元	工日	kg	kg	kW · h	kg	kg	m^3
													215.00	8.64	7.27	0.71	0.67	0.26	5.63
500	990795020	液压顶管机		中	448.81	60.50	8.82	24.17	1.37	268.75	85.20		1.25			120.00			
501	990796010	滚槽机		小	22.26	7.97	1.12	2.34	7.28		3.55					5.00			
502	990796020	开槽机		中	406.35	60.67	14.33	43.43		268.75	19.17		1.25			27.00			
503	990797010	台式砂轮机		小	24.77	0.67	0.20	0.45	5.32		18.13					17.60			1.00
504	990797020		ϕ100	小	13.49	1.95	0.43	0.96			10.15					14.30			
505	990797030	手提式砂轮机		小	5.43	1.62	0.15	0.32			3.34					4.70			
506	990799010	电动扳手		小	6.02	2.46	0.35	0.71			2.50					3.52			
507	990799020	电动扭力扳手	27 × 30	小	12.21	4.75	0.67	1.34			5.45					7.68			
508	990799030	激光切割机	6000W	中	903.35	362.35	65.91	393.47			81.62					114.96			

第八章

泵类、水处理机械

编号	编码	机械名称	性能规格	机型	台班单价	折旧费	检修费	维护费	安装、拆除费及场外运费	人工费	燃料动力费	其他费	人工	汽油	柴油	电	煤	木柴	水
					元	元	元	元	元	元	元	元	工日	kg	kg	kW · h	kg	kg	m^3
													215.00	8.64	7.27	0.71	0.67	0.26	5.63
509	990801010	电动单级离心清水泵	出口直径（mm） 50	小	27.73	1.74	0.77	1.86	7.03		16.33					23.00			
510	990801020	电动单级离心清水泵	出口直径（mm） 100	小	34.22	2.61	1.17	2.82	7.03		20.59					29.00			
511	990801030	电动单级离心清水泵	出口直径（mm） 150	小	56.77	3.64	1.65	3.98	7.03		40.47					57.00			
512	990801040	电动单级离心清水泵	出口直径（mm） 200	小	86.64	4.83	2.15	5.18	7.03		67.45					95.00			
513	990801050	电动单级离心清水泵	出口直径（mm） 250	小	135.05	7.13	3.18	7.66	7.03		110.05					155.00			
514	990802010	内燃单级离心清水泵	出口直径（mm） 50	小	42.78	3.01	1.33	2.38	7.03		29.03			3.36					
515	990802020	内燃单级离心清水泵	出口直径（mm） 100	小	76.82	5.23	2.33	4.17	7.03		58.06			6.72					
516	990803010	电动多级离心清水泵	出口直径（mm） 50	小	51.02	4.35	1.95	5.03	7.03		32.66					46.00			
517	990803020	电动多级离心清水泵	出口直径（mm） 100，扬程（m） 120以下	小	156.00	8.00	3.60	9.29	7.03		128.08					180.40			
518	990803040	电动多级离心清水泵	出口直径（mm） 150，扬程（m） 180以下	小	266.63	17.18	7.70	19.87	7.03		214.85					302.60			
519	990803060	电动多级离心清水泵	出口直径（mm） 200，扬程（m） 280以下	小	329.60	27.08	12.18	31.42	7.03		251.89					354.78			
520	990803075	电动多级离心清水泵停滞	50mm	小	4.37	4.37													
521	990803080	电动多级离心清水泵停滞	100mm	小	8.05	8.05													
522	990803085	电动多级离心清水泵停滞	150mm	小	17.27	17.27													
523	990803090	电动多级离心清水泵停滞	200mm	小	27.37	27.37													
524	990805010	污水泵	出口直径（mm） 70	小	74.88	2.38	0.42	1.36	7.03		63.69					89.70			
525	990805020	污水泵	出口直径（mm） 100	小	105.63	5.61	1.00	3.24	7.03		88.75					125.00			

续前

编号	编码	机械名称	性能规格		机型	台班单价	费用组成							人工及燃料动力用量						
							折旧费	检修费	维护费	安装、拆除费及场外运费	人工费	燃料动力费	其他费	人工	汽油	柴油	电	煤	木柴	水
						元	元	元	元	元	元	元	元	工日	kg	kg	kW·h	kg	kg	m^3
														215.00	8.64	7.27	0.71	0.67	0.26	5.63
526	990805030	污水泵	出口直径（mm）	150	小	183.37	8.27	1.46	4.73	7.03		161.88					228.00			
527	990806010	泥浆泵		50	小	42.94	3.90	0.70	2.27	7.03		29.04					40.90			
528	990806020			100	小	199.44	14.73	2.62	8.49	7.03		166.57					234.60			
529	990807010	耐腐蚀泵		40	小	35.68	5.23	0.92	4.96	7.03		17.54					24.70			
530	990807020			50	小	49.19	6.84	1.21	6.52	7.03		27.59					38.86			
531	990807030			80	小	116.39	6.94	1.22	6.58	7.03		94.62					133.27			
532	990807040			100	小	173.93	7.98	1.41	7.60	7.03		149.91					211.14			
533	990808010	真空泵	抽气速度（m^3/h）	204	小	58.69	7.70	1.38	2.97	8.44		38.20					53.80			
534	990808020			660	小	109.49	8.84	1.57	3.38	8.44		87.26					122.90			
535	990808030			720	小	116.17	8.99	1.60	3.43	8.44		93.71					131.99			
536	990808040			2400	小	323.86	30.16	5.36	11.52	8.44		268.38					378.00			
537	990809010	潜水泵	出口直径（mm）	50	小	23.57	1.74	0.31	1.69	5.63		14.20					20.00			
538	990809020			100	小	28.60	2.45	0.43	2.34	5.63		17.75					25.00			
539	990809030			150	小	53.40	5.70	1.02	5.55	5.63		35.50					50.00			
540	990811010	高压油泵	压力（MPa）	50	小	108.25	4.35	0.77	2.56	5.63		94.94					133.72			
541	990811020			80	小	169.70	6.89	1.22	4.06	5.63		151.90					213.95			
542	990812010	齿轮油泵	流量（L/min）	2.5	小	79.28	2.22	0.39	1.30	5.63		69.74					98.23			

续前

编号	编码	机械名称	性能规格		机型	台班单价	费用组成							人工及燃料动力用量						
							折旧费	检修费	维护费	安装、拆除费及场外运费	人工费	燃料动力费	其他费	人工	汽油	柴油	电	煤	木柴	水
						元	元	元	元	元	元	元	元	工日	kg	kg	kW · h	kg	kg	m^3
														215.00	8.64	7.27	0.71	0.67	0.26	5.63
543	990813005	试压泵	压力（MPa）	2.5	小	14.92	1.35	0.24	0.73	5.63		6.97					9.81			
544	990813010			3	小	17.86	2.61	0.47	1.43	5.63		7.72					10.87			
545	990813020			6	小	19.99	2.93	0.52	1.58	5.63		9.33					13.14			
546	990813025			10	小	21.54	3.40	0.60	1.82	5.63		10.09					14.21			
547	990813030			25	小	22.72	3.64	0.64	1.95	5.63		10.86					15.30			
548	990813035			30	小	23.14	3.72	0.66	2.01	5.63		11.12					15.66			
549	990813040			35	小	23.45	3.80	0.68	2.07	5.63		11.27					15.87			
550	990813045			60	小	24.60	3.88	0.69	2.10	5.63		12.30					17.32			
551	990814010	射流井点泵	最大抽吸深度（m）	9.5	小	60.82	4.83	2.57	9.56	5.63		38.23					53.85			
552	990815010	抽水机			小	46.10	26.13	5.10	5.40			9.47					13.34			
553	990816010	地源热泵下管机			中	173.43	20.16	3.49	13.11			136.67					192.49			
554	990817010	泥浆压滤机	$8m^3$		大	2588.94	765.10	354.36	563.43		268.75	637.30		1.25			897.60			
555	990818010	泥水处理离心机	$100m^3/h$		大	3810.76	1504.96	697.03	1108.28		268.75	231.74		1.25			326.40			
556	990819010	泥水分离设备	$1500m^3/h$		大	4976.45	1703.42	788.95	962.52		537.50	984.06		2.50			1386.00			

续前

编号	编码	机械名称	性能规格	机型	台班单价	费用组成							人工及燃料动力用量						
						折旧费	检修费	维护费	安装、拆除费及场外运费	人工费	燃料动力费	其他费	人工	汽油	柴油	电	煤	木柴	水
					元	元	元	元	元	元	元	元	工日	kg	kg	kW·h	kg	kg	m^3
													215.00	8.64	7.27	0.71	0.67	0.26	5.63
557	990820010	排放泥浆设备		中	435.56	34.00	7.12	19.85		268.75	105.84		1.25	12.25					
558	990823010	粉料混合喷涂泵		小	25.79	14.36	2.16	4.77	3.08		1.42					2.00			
559	990824010	高压注浆泵		小	635.77	55.78	4.77	15.10	8.20	537.50	14.42		2.50			20.31			
560	990824020	高压注浆泵	90L/min	小	384.11	29.07	2.70	8.75	6.68	268.75	68.16		1.25			96.00			
561	990825010	液压注浆泵	HYB50	中	359.62	54.69	4.05	12.83	8.20	268.75	11.10		1.25			15.63			
562	990825020	双液压注浆泵	PH2X5	中	473.04	133.23	9.76	30.91	8.20	268.75	22.19		1.25			31.26			
563	990826010	药剂泵		小	11.65	3.52	0.50	1.60	5.32		0.71					1.00			
564	990827010	中继泵	200kW	中	1008.95	92.60	13.39	64.27	3.73		834.96					1176.00			
565	990827020	中继泵	500kW	中	2341.78	136.32	19.71	94.62	3.73		2087.40					2940.00			
566	990827030	中继泵	1000kW	中	4741.88	306.39	44.30	212.66	3.73		4174.80					5880.00			

第九章

焊接机械

编号	编码	机械名称	性能规格		机型	台班单价	费用组成							人工及燃料动力用量						
							折旧费	检修费	维护费	安装、拆除费及场外运费	人工费	燃料动力费	其他费	人工	汽油	柴油	电	煤	木柴	水
						元	元	元	元	元	元	元	元	工日	kg	kg	kW·h	kg	kg	m^3
														215.00	8.64	7.27	0.71	0.67	0.26	5.63
567	990900010	电焊机	综合		小	29.30	3.22	0.47	1.49	12.12		12.00					16.90			
568	990901001	弧焊机	综合		小	86.04	2.41	0.54	1.80	12.75		68.54					96.53			
569	990901010	交流弧焊机	容量（kV·A）	21	小	59.16	1.84	0.41	1.37	12.75		42.79					60.27			
570	990901018			30	小	86.04	2.41	0.54	1.80	12.75		68.54					96.53			
571	990901020			32	小	86.04	2.41	0.54	1.80	12.75		68.54					96.53			
572	990901030			40	小	111.99	2.72	0.61	2.03	12.75		93.88					132.23			
573	990901040			42	小	119.55	2.91	0.66	2.20	12.75		101.03					142.30			
574	990901050			50	小	129.81	3.04	0.68	2.26	12.75		111.08					156.45			
575	990902010	硅整流弧焊机		15	小	47.59	4.56	0.81	2.79	11.95		27.48					38.70			
576	990902020			20	小	58.20	5.38	0.95	3.28	11.95		36.64					51.60			
577	990904010	直流弧焊机		10	小	43.61	2.41	0.55	2.20	12.75		25.70					36.20			
578	990904020			14	小	55.73	3.48	0.78	3.12	12.75		35.60					50.14			
579	990904030			20	小	73.61	4.56	1.03	3.82	12.75		51.45					72.46			
580	990904040			32	小	90.56	5.51	1.24	4.60	12.75		66.46					93.60			
581	990904050			40	小	95.94	6.97	1.57	5.82	12.75		68.83					96.94			
582	990908020	点焊机		75	中	135.86	7.09	1.59	4.64	12.75		109.79					154.63			
583	990910030	对焊机		75	小	110.63	5.85	1.31	4.10	12.75		86.62					122.00			
584	990911010	热熔对接焊机	直径（mm）	160	小	17.63	1.37	0.32	0.34	12.75		2.85					4.01			
585	990911020			250	小	20.85	2.13	0.48	0.51	12.75		4.98					7.01			

续前

编号	编码	机械名称	性能规格		机型	台班单价	费用组成							人工及燃料动力用量						
							折旧费	检修费	维护费	安装、拆除费及场外运费	人工费	燃料动力费	其他费	人工	汽油	柴油	电	煤	木柴	水
						元	元	元	元	元	元	元	元	工日	kg	kg	kW·h	kg	kg	m^3
														215.00	8.64	7.27	0.71	0.67	0.26	5.63
586	990911030	热熔对接焊机	直径（mm）	630	小	44.92	6.16	1.38	1.46	12.75		23.17					32.64			
587	990911040	热熔对接焊机	直径（mm）	800	小	52.80	6.46	1.45	1.54	12.75		30.60					43.10			
588	990912010	氩弧焊机	电流（A）	500	中	94.70	14.25	2.53	8.60	19.12		50.20					70.70			
589	990913010	二氧化碳气体保护焊机	电流（A）	250	小	64.27	13.30	2.35	12.10	19.12		17.39					24.50			
590	990913020	二氧化碳气体保护焊机	电流（A）	500	小	128.68	33.96	6.03	31.05	19.12		38.52					54.26			
591	990914010	等离子弧焊机	电流（A）	300	小	213.44	25.77	4.56	24.62	19.12		139.37					196.30			
592	990915010	自动埋弧焊机	电流（A）	500	小	105.76	14.31	1.87	9.95	12.75		66.88					94.20			
593	990915020	自动埋弧焊机	电流（A）	1200	小	183.16	19.06	2.48	13.19	12.75		135.68					191.10			
594	990915040	横向自动焊机	MISA60		中	710.55	31.38	3.35	10.63	9.84	268.75	386.59		1.25			544.50			
595	990915050	角缝自动焊机	SM501H90		中	562.96	20.27	2.16	6.87	6.90	268.75	258.01		1.25			363.40			
596	990915060	立缝自动焊机	VB-AcII3		中	644.27	27.02	2.88	9.15	7.88	268.75	328.59		1.25			462.80			
597	990916010	电渣焊机	电流（A）	1000	中	162.58	29.45	3.83	12.18	12.75		104.37					147.00			
598	990918005	土工布焊接机			小	36.21	3.67	0.72	2.30	12.05		17.47					24.60			

续前

编号	编码	机械名称	性能规格		机型	台班单价	费用组成							人工及燃料动力用量						
							折旧费	检修费	维护费	安装、拆除费及场外运费	人工费	燃料动力费	其他费	人工	汽油	柴油	电	煤	木柴	水
						元	元	元	元	元	元	元	元	工日	kg	kg	kW·h	kg	kg	m^3
														215.00	8.64	7.27	0.71	0.67	0.26	5.63
599	990919010	电焊条烘干箱	容量（cm^3）	45×35×45	小	17.20	3.64	0.65	1.12	7.03		4.76					6.70			
600	990919020	电焊条烘干箱	容量（cm^3）	55×45×55	小	21.90	5.23	0.93	1.61	7.03		7.10					10.00			
601	990919030	电焊条烘干箱	容量（cm^3）	60×50×75	小	26.88	6.73	1.19	2.06	7.03		9.87					13.90			
602	990919040	电焊条烘干箱	容量（cm^3）	80×80×100	小	50.24	10.13	1.79	3.10	7.03		28.19					39.70			
603	990919050	电焊条烘干箱	容量（cm^3）	75×105×135	小	69.97	10.85	1.93	3.34	7.03		46.82					65.95			
604	990920010	电焊条恒温箱			中	19.58	4.38	1.03	1.75	5.32		7.10					10.00			
605	990921010	电熔焊接机	3.5kW		小	24.94	7.71	2.24	6.54			8.45					11.90			
606	990922010	单轨焊接机			小	64.69	42.04	7.94	8.30	1.67		4.74					6.67			
607	990922020	双轨焊接机			小	130.20	86.57	16.50	17.58	2.05		7.50					10.56			
608	990923010	焊剂烘干箱	60×50×75cm^3		中	72.14	8.72	1.52	5.87	25.88		30.15					42.46			
609	990931010	热熔划线车	手推式		小	425.31	51.41	8.03	28.00		268.75	69.12		1.25	8.00					
610	990933010	热熔釜溶解车			中	112.70	16.42	2.71	8.60	3.55		81.42				11.20				
611	990955010	气压焊机			小	34.74	4.66	1.11	4.12			24.85					35.00			
612	990955020	热板焊机			小	98.56	38.97	8.60	9.12	12.75		29.12					41.02			
613	990955030	栓钉焊机			小	58.70	11.86	1.05	5.45	6.90		33.44					47.10			

第十章

动力机械

编号	编码	机械名称	性能规格		机型	台班单价	费用组成							人工及燃料动力用量						
							折旧费	检修费	维护费	安装、拆除费及场外运费	人工费	燃料动力费	其他费	人工	汽油	柴油	电	煤	木柴	水
						元	元	元	元	元	元	元	元	工日	kg	kg	kW·h	kg	kg	m^3
														215.00	8.64	7.27	0.71	0.67	0.26	5.63
614	991001030	汽油发电机组	功率（kW）	10	小	197.82	7.98	2.08	8.03	18.16		161.57			18.70					
615	991002005	柴油发电机组		30	中	407.29	16.30	4.24	13.82	21.79		351.14				48.30				
616	991003010	电动空气压缩机	排气量（m^3/min）	0.3	小	31.18	1.10	0.40	1.91	16.34		11.43					16.10			
617	991003020			0.6	小	38.02	1.44	0.53	2.53	16.34		17.18					24.20			
618	991003030			1	小	51.50	2.16	0.76	3.63	16.34		28.61					40.30			
619	991003040			3	小	121.42	13.67	4.85	10.23	16.34		76.33					107.50			
620	991003050			6	小	213.18	21.02	7.45	15.72	16.34		152.65					215.00			
621	991003060			9	中	328.36	30.18	10.72	22.62	16.34		248.50					350.00			
622	991003070			10	中	367.30	30.76	10.91	23.02	16.34		286.27					403.20			
623	991003080			20	中	522.29	57.67	20.45	43.15	28.54		372.48					524.62			
624	991003090			40	大	726.09	133.43	44.42	73.29	28.54		446.41					628.74			
625	991004020	内燃空气压缩机		6	中	364.51	28.88	12.99	43.13	16.34		263.17				36.20				
626	991004030			9	中	499.28	36.90	16.58	55.05	16.34		374.40				51.50				
627	991004040	内燃空气压缩机	排气量（m^3/min）	12	中	619.74	44.24	19.88	66.00	16.34		473.28				65.10				
628	991004050			17	中	1308.80	53.40	23.99	79.65	28.54		1123.21				154.50				
629	991005010	无油空气压缩机		9	中	356.57	48.99	22.02	30.39	28.54		226.63					319.20			
630	991006010	工业锅炉	蒸发量（t/h）	1	中	989.58	72.68	13.74	7.14	80.26		815.76						1150.00	16.00	7.30
631	991006020			2	中	1722.75	79.44	15.04	7.82	80.26		1540.19						2173.00	21.00	14.00
632	991006030			4	中	2222.81	128.67	22.84	11.88	80.26		1979.16						2785.00	24.00	19.00

第十一章

地下工程机械

编号	编码	机械名称	性能规格		机型	台班单价	费用组成							人工及燃料动力用量						
							折旧费	检修费	维护费	安装、拆除费及场外运费	人工费	燃料动力费	其他费	人工	汽油	柴油	电	煤	木柴	水
						元	元	元	元	元	元	元	元	工日	kg	kg	kW · h	kg	kg	m^3
														215.00	8.64	7.27	0.71	0.67	0.26	5.63
633	991106010	盾构同步压浆泵	D2.1m × 7m		大	687.73	264.73	35.25	41.24	40.77	268.75	36.99		1.25			52.10			
634	991108010	垂直顶升设备			中	2076.98	197.85	26.35	51.65	38.05	1343.75	419.33		6.25			590.60			
635	991109020	履带式抓斗成槽机	槽宽（mm）	800	特	3176.01	1034.50	248.37	350.20		537.50	1005.44		2.50		138.30				
636	991109030			1000	特	3843.69	1186.79	284.91	401.72		537.50	1432.77		2.50		197.08				
637	991112010	超声波测壁机			小	90.66	34.83	9.07	14.97	5.63		26.16					36.85			
638	991113010	泥浆制作循环设备			大	1144.48	595.46	39.65	59.87	91.73		357.77					503.90			
639	991114010	锁口管顶升机			中	661.02	46.04	4.90	21.51	5.63	537.50	45.44		2.50			64.00			
640	991116010	工程地质液压钻机			中	819.24	36.91	3.94	4.22	12.75	537.50	223.92		2.50		30.80				
641	991117010	刀盘式土压平衡顶管掘进机	管径（mm）	1650	特	481.48	326.93	54.42	100.13											
642	991117015			1800	特	615.26	417.79	69.53	127.94											
643	991117020			2000	特	687.52	466.85	77.70	142.97											
644	991117025			2200	特	742.81	504.39	83.95	154.47											
645	991117030			2400	特	1337.85	913.27	149.50	275.08											

续前

编号	编码	机械名称	性能规格		机型	台班单价	费用组成							人工及燃料动力用量						
							折旧费	检修费	维护费	安装、拆除费及场外运费	人工费	燃料动力费	其他费	人工	汽油	柴油	电	煤	木柴	水
						元	元	元	元	元	元	元	元	工日	kg	kg	kW·h	kg	kg	m³
														215.00	8.64	7.27	0.71	0.67	0.26	5.63
646	991117040	刀盘式土压平衡顶管掘进机	管径（mm）	2600	特	1460.37	996.91	163.19	300.27											
647	991117045			2800	特	1495.19	1020.68	167.08	307.43											
648	991117050			3000	特	1604.65	1095.41	179.31	329.93											
649	991117060			3500	特	1911.33	1304.78	213.58	392.97											
650	991117070			4000	特	2265.19	1546.37	253.11	465.71											
651	991118045	刀盘式泥水平衡顶管掘进机		2200	特	1337.85	913.27	149.50	275.08											
652	991118050			2400	特	1549.68	1057.88	173.17	318.63											
653	991119010	挤压法顶管设备		1000	中	143.36	19.97	3.54	9.70	3.75		106.40					149.86			
654	991120010	遥控顶管掘进机		800	特	1393.15	804.71	133.93	246.43	25.37		182.71					257.34			
655	991120020			1200	特	1503.37	882.40	144.45	265.79	25.37		185.36					261.07			
656	991120040			1650	特	1743.78	1020.30	167.02	307.32	25.37		223.77					315.17			
657	991120050			1800	特	1908.05	1130.71	185.10	340.58	25.37		226.29					318.72			
658	991121010	人工挖土法顶管设备		1200	小	128.89	9.63	1.70	7.41	3.75		106.40					149.86			
659	991121020			1650	小	169.48	12.08	2.14	9.33	3.75		142.18					200.26			
660	991121030			2000	小	206.87	12.88	2.29	9.98	3.75		177.97					250.66			
661	991121040			2460	中	208.70	13.09	2.32	10.12	3.75		179.42					252.71			

续前

编号	编码	机械名称	性能规格	机型	台班单价	费用组成							人工及燃料动力用量						
						折旧费	检修费	维护费	安装、拆除费及场外运费	人工费	燃料动力费	其他费	人工	汽油	柴油	电	煤	木柴	水
					元	元	元	元	元	元	元	元	工日	kg	kg	kW·h	kg	kg	m^3
													215.00	8.64	7.27	0.71	0.67	0.26	5.63
662	991123010	悬臂式掘进机	功率（kW） 318	特	4982.47	4757.77	79.12	145.58											
663	991124020	轨道车	功率（kW） 210	中	454.34	228.55	60.86	164.93											
664	991131010	复合式泥水平衡盾构掘进机	5000mm	特	3268.03	2135.43	419.48	713.12											
665	991131020		6500mm	特	3474.96	2282.24	441.75	750.97											
666	991131030		7000mm	特	4149.14	2711.17	532.58	905.39											
667	991131040		9000mm	特	8455.64	5525.19	1085.35	1845.10											
668	991131050		11500mm	特	12707.92	8303.78	1631.16	2772.98											
669	991131060		15500mm	特	18305.31	11961.33	2349.62	3994.36											
670	991132010	复合式土压平衡盾构掘进机	5000mm	特	3137.83	2042.50	401.22	694.11											
671	991132020		6500mm	特	3762.28	2448.95	481.07	832.26											
672	991132030		7000mm	特	3915.60	2548.74	500.68	866.18											
673	991132040		9000mm	特	7913.94	5151.38	1011.93	1750.63											
674	991132050		11500mm	特	12037.33	7835.42	1539.16	2662.75											
675	991134010	单重管旋喷机		中	858.42	30.07	2.69	4.63		537.50	283.53		2.50		39.00				
676	991135010	取芯钻孔设备		小	108.35	68.15	1.47	5.50			33.23					46.80			

续前

编号	编码	机械名称	性能规格	机型	台班单价	费用组成							人工及燃料动力用量						
						折旧费	检修费	维护费	安装、拆除费及场外运费	人工费	燃料动力费	其他费	人工	汽油	柴油	电	煤	木柴	水
					元	元	元	元	元	元	元	元	工日	kg	kg	kW·h	kg	kg	m^3
													215.00	8.64	7.27	0.71	0.67	0.26	5.63
677	991135020	全自动灰浆搅拌系统		中	670.48	44.91	14.52	45.99	10.04	268.75	286.27		1.25			403.20			
678	991135030	水泥浆系统	BZ-20L	中	1112.16	163.79	36.60	97.37		537.50	276.90		2.50			390.00			
679	991136010	锥形双头台式打孔机		小	4.65	4.65													
680	991137010	微控钻孔敷管设备	25t 以下	大	1746.67	1045.73	188.00	345.93	13.20		153.81					216.64			
681	991137020		25t 以上	大	2066.46	1257.43	226.06	415.96	13.20		153.81					216.64			
682	991137030	稀浆封层机		大	3889.81	2583.82	106.98	343.35		268.75	586.91		1.25		80.73				
683	991139005	泥水平衡切削机械	1000mm	特	435.82	296.36	47.94	91.52											
684	991139010		1350mm	特	513.97	349.50	56.54	107.93											
685	991139015		1500mm	特	604.68	411.19	66.51	126.98											
686	991139020		2000mm	特	1083.15	736.54	119.15	227.46											
687	991139030		2200mm	特	1367.59	929.97	150.43	287.19											
688	991139035		2400mm	特	1594.84	1084.49	175.43	334.92											
689	991139040		2600mm	特	1698.70	1155.11	186.86	356.73											

续前

编号	编码	机械名称	性能规格	机型	台班单价	费用组成							人工及燃料动力用量						
						折旧费	检修费	维护费	安装、拆除费及场外运费	人工费	燃料动力费	其他费	人工	汽油	柴油	电	煤	木柴	水
					元	元	元	元	元	元	元	元	工日	kg	kg	kW · h	kg	kg	m^3
													215.00	8.64	7.27	0.71	0.67	0.26	5.63
690	991139045	泥水平衡切削机械	2800mm	特	1802.57	1225.75	198.28	378.54											
691	991139050		3000mm	特	1906.43	1296.37	209.71	400.35											
692	991139055		3500mm	特	2233.44	1518.74	245.68	469.02											
693	991139060		4000mm	特	2560.45	1741.11	281.65	537.69											

第十二章

其他机械

编号	编码	机械名称	性能规格		机型	台班单价	费用组成							人工及燃料动力用量						
							折旧费	检修费	维护费	安装、拆除费及场外运费	人工费	燃料动力费	其他费	人工	汽油	柴油	电	煤	木柴	水
						元	元	元	元	元	元	元	元	工日	kg	kg	kW · h	kg	kg	m^3
														215.00	8.64	7.27	0.71	0.67	0.26	5.63
694	991201010	轴流通风机	功率（kW）	7.5	小	41.36	2.66	0.47	1.18	8.44		28.61					40.30			
695	991201020			30	小	136.07	8.08	1.43	3.60	8.44		114.52					161.30			
696	991201030			100	小	417.26	17.96	3.19	5.97	8.44		381.70					537.60			
697	991201060		30kW × 2		小	149.18	16.16	2.86	7.20	8.44		114.52					161.30			
698	991201070		75kW × 2		小	335.39	26.94	4.79	8.95	8.44		286.27					403.20			
699	991201080		110kW × 2		小	487.97	39.51	7.02	13.13	8.44		419.87					591.36			
700	991202040	离心通风机	能力（m^3/min）	3200	小	433.34	17.96	4.02	5.03	7.03		399.30					562.40			
701	991203010	吹风机		4	小	20.48	4.37	0.77	1.94	8.44		4.96					6.98			
702	991204010	鼓风机		8	小	25.55	3.90	0.70	1.69	8.44		10.82					15.24			
703	991204020			18	小	40.90	12.83	2.27	5.49	8.44		11.87					16.72			
704	991206010	组合烘箱			小	124.76	16.55	2.93	3.02	5.63		96.63					136.10			
705	991207010	箱式加热炉	功率（kW）	45	小	118.62	13.59	0.80	0.85	6.75		96.63					136.10			
706	991207030			75	小	128.00	20.62	1.22	1.29	6.75		98.12					138.20			
707	991208010	硅整流充电机	90A/190V		小	67.56	6.97	0.41	1.30	5.63		53.25					75.00			
708	991209010	真空滤油机	能力（L/h）	6000	中	258.48	179.79	10.64	34.05	8.44		25.56					36.00			
709	991210010	潜水设备			小	88.94	22.36	3.97	55.58	7.03										

续前

编号	编码	机械名称	性能规格	机型	台班单价	费用组成							人工及燃料动力用量						
						折旧费	检修费	维护费	安装、拆除费及场外运费	人工费	燃料动力费	其他费	人工	汽油	柴油	电	煤	木柴	水
					元	元	元	元	元	元	元	元	工日	kg	kg	kW · h	kg	kg	m^3
													215.00	8.64	7.27	0.71	0.67	0.26	5.63
710	991216010	X 射线胶片脱水烘干机	ZTH-340	小	76.56	41.24	3.86	9.45			22.01					31.00			
711	991218010	安全阀试压机	YFC-A	中	507.06	101.81	21.90	47.96	20.49	268.75	46.15		1.25			65.00			
712	991219010	柏油喷布器		小	84.81	26.01	7.36	18.01	7.98		25.45				3.50				
713	991222010	储气包	$4m^3$	小	23.27	15.76	0.49	1.20	5.82										
714	991224010	电动吸盘		小	51.48	11.46	0.52	0.45			39.05					55.00			
715	991226010	粉体输送设备		小	72.70	19.70	1.01	2.46	6.93		42.60					60.00			
716	991227010	木工多用机床		小	63.99	3.47	2.83	6.93	5.32		45.44					64.00			
717	991228010	内燃拖轮	221KW	中	2281.89	485.24	81.72	172.43		537.50	1005.00		2.50		138.24				
718	991229010	内涂机	TCL-I 型	中	532.54	172.50	23.88	47.88		268.75	19.52		1.25			27.50			
719	991230010	喷枪		小	18.11	6.79	1.75	4.25	5.32										
720	991234010	自控热处理机		中	643.89	225.42	20.29	52.75		268.75	76.68		1.25			108.00			
721	991235010	碎土机		小	590.46	13.57	3.05	7.26			566.58					798.00			
722	991236010	氧割机		小	21.59	9.71	0.97	10.44	0.41		0.06					0.09			

续前

编号	编码	机械名称	性能规格	机型	台班单价	费用组成							人工及燃料动力用量						
						折旧费	检修费	维护费	安装、拆除费及场外运费	人工费	燃料动力费	其他费	人工	汽油	柴油	电	煤	木柴	水
					元	元	元	元	元	元	元	元	工日	kg	kg	kW·h	kg	kg	m^3
													215.00	8.64	7.27	0.71	0.67	0.26	5.63
723	991237010	压鼓机		小	329.35	17.13	2.63	7.12	11.00	268.75	22.72		1.25			32.00			
724	991238010	压滤机	XMYZG400/1500-UB	中	685.04	137.13	63.50	100.97	91.73	268.75	22.96		1.25			32.34			
725	991239010	液压锤	HM960	中	412.53	87.54	15.18	41.06		268.75			1.25						
726	991240010	无损切割系统	32kV·A	小	75.30	3.76	0.74	2.33	6.56		61.91					87.20			
727	991243010	箱涵顶进设备	1000t 以内	中	387.95	69.59	13.83	28.62		268.75	7.16		1.25			10.08			
728	991246010	双重管旋喷机		中	878.33	33.08	2.96	6.72		537.50	298.07		2.50		41.00				
729	991246020	三重管旋喷机		中	898.69	37.59	3.36	7.63		537.50	312.61		2.50		43.00				
730	991247010	气流敷设设备	含空压机	大	1550.15	230.40	53.30	88.00	22.20	268.75	887.50		1.25			1250.00			
731	991252010	皮带胶接机		小	40.17	10.45	2.20	5.85	8.04		13.63					19.20			
732	991253010	电缆输送机	JSD-1	中	634.80	104.38	22.85	99.37		268.75	139.45		1.25	16.14					
733	991255010	电缆拖车		中	715.79	118.84	29.61	128.81		268.75	169.78		1.25	19.65					
734	991257010	绿化高空修剪车	提升高度（m） 12	小	335.30	14.30	0.05	0.01		268.75	52.19		1.25	6.04					
735	991257020	绿化高空修剪车	提升高度（m） 20	小	370.93	21.99	0.08	0.02		268.75	80.09		1.25	9.27					

续前

编号	编码	机械名称	性能规格	机型	台班单价	费用组成							人工及燃料动力用量						
						折旧费	检修费	维护费	安装、拆除费及场外运费	人工费	燃料动力费	其他费	人工	汽油	柴油	电	煤	木柴	水
					元	元	元	元	元	元	元	元	工日	kg	kg	kW · h	kg	kg	m³
													215.00	8.64	7.27	0.71	0.67	0.26	5.63
736	991259010	绿篱修剪机		小	55.92	6.59	2.53	5.33			41.47			4.80					
737	991261010	剪草机		小	463.65	10.88	3.03	8.19		268.75	172.80		1.25	20.00					
738	991263010	喷涂机		小	83.53	7.21	0.38	1.04	5.32		69.58					98.00			
739	991263020	路面喷涂机		小	83.53	7.21	0.38	1.04	5.32		69.58					98.00			
740	991263030	多功能喷涂机		小	83.53	7.21	0.38	1.04	5.32		69.58					98.00			
741	991265010	混凝土路面刻纹机		小	54.26	32.95	4.31	11.25			5.75					8.10			
742	991267010	机动绞磨	3t	小	335.87	7.71	1.41	4.43		268.75	53.57		1.25	6.20					
743	991269010	聚氨酯发泡机		小	315.71	32.83	1.73	4.69	1.94	268.75	5.77		1.25			8.12			
744	991271010	空气过滤器		小	20.31	5.57	1.01	2.73	5.32		5.68					8.00			
745	991273010	沥青熔化炉	XLL-0.5t	中	318.10	150.89	11.80	31.88	6.38		117.15					165.00			
746	991275010	滤油机	LX100	小	300.23	3.04	0.43	0.99	1.46	268.75	25.56		1.25			36.00			

续前

编号	编码	机械名称	性能规格		机型	台班单价	费用组成							人工及燃料动力用量						
							折旧费	检修费	维护费	安装、拆除费及场外运费	人工费	燃料动力费	其他费	人工	汽油	柴油	电	煤	木柴	水
						元	元	元	元	元	元	元	元	工日	kg	kg	kW·h	kg	kg	m^3
														215.00	8.64	7.27	0.71	0.67	0.26	5.63
747	991275020	喷播机	扬程（m）	30	小	500.08	7.54	2.10	5.69		268.75	216.00		1.25	25.00					
748	991298010	轻便钎探器			小	55.18	9.19	5.77	11.25			28.97					40.80			
749	991298020	手泵喷油机			小	26.09	3.18	0.89	2.14			19.88					28.00			